처음 시작하는 나만의 정원수 가꾸기

히키치 가든 서비스(히키치 도시+히키치 요시하루) 지음 • 노경아 옮김

정원수를 위한 가지치기 및 관리법

TORI, MUSHI, KUSAKITO TANOSHIMU ORGANIC UEKIYANO SENTEIJUTSU
by Hikichi Toshi & Hikichi Yoshiharu

Original Japanese edition published by TSUKIJI SHOKAN PUBLISHING Co., Ltd.

This Korean edition published by arrangement
with TSUKIJI SHOKAN PUBLISHING Co., Ltd.
through HonnoKizuna, Inc., Tokyo, and EntersKorea Co., Ltd

서문

동네를 산책하다보면 엉망으로 가지치기한 나무를 맞닥뜨릴 때가 있다. 추상적인 미술 작품처럼 가지가 뭉텅뭉텅 잘린 가로수, 꼭 있어야 할 가지가 싹둑 잘려서 결국 시들어 버린 정원수….

그렇게 망가진 나무를 보면 마음이 무척 아프다. 방법만 알면 나무를 얼마든지 더 보기 좋고 건강하게 만들 수 있기 때문이다.

정원 관리사인 우리는 오래 전부터 개인 고객의 정원을 무농약, 무화학 비료로 관리해 왔다. 그런데 요즘은 '가능한 일은 스스로 하고 싶으니 집에 와서 정원 관리법을 가르쳐 달라'고 의뢰하는 고객이 많아졌다.

정원을 새로 꾸미는 것도 좋지만, 사정이 여의치 않을 때는 가지치기만으로도 정원 분위기를 바꿀 수 있다. 사실 가지치기는 대규모 공사를 하지 않고도 정원 분위기를 확 바꿀 수 있는 가장 효과적인 방법이다. 실제로 모든 정원수를 가지치기한 후 정원 분위기가 완전히 달라지는 바람에 자기 집을 무심코 지나쳐 버렸다는 사람도 있었다.

이 책에서는 생물의 생기를 북돋우고, 정원을 자연스러운 모습으로 유지하며, 나무에 스트레스를 최대한 주지 않는 가지치기 방법을 소개한다. 단, 그렇다고 해서 특별한 방법이 있는 것은 아니다. 방법 자체는 예전과 크게 다르지 않다.

옮겨 심은 나무가 본래의 기운을 되찾는 데는 3년쯤 걸린다고 한다. 가지치기의 결과 또한 이듬해가 되어 꽃이 피는지, 가지와 잎만 무성해지는지, 아니면 아예 말라 버리는지를 보아야 알 수 있다. 어떤 의미에서는 '결과를 나무에게 맡긴다'라고 말해야 할지도 모르겠다. 다시 말해 가지치기에 '정답' 따위는 없는 것이다. 그래서 수목 관리 전문가라도 각자 가지치기하는 방법이 다르고, 오랜 시간의 경험과 감에 따라 지금 눈앞에 있는 나무의 가지를 얼마나 잘라내야 할지 판단한다. 그러니 이 책에서 소개하는 방법 역시 일반적 기준에 따라 나무를 해치지 않고 가지치기를 하는 방법 그리고 나무가 좋아하는 가지치기 방법이라고 생각해 주면 좋겠다.

가지치기의 고수가 되려면 가지치기가 잘 된 나무를 많이 보는 것이 좋다. 따라서 가지치기 전후의 사진을 가능한 많이 게재하여, 이 책을 읽은 독자들이 올바른 방법으로 가지치기한 나무의 모습을 쉽게 떠올릴 수 있도록 했다.

이 책에 실린 사진에는 우리가 고객의 정원에서 실제로 실시한 가지치기 사례가 담겨 있다. '이 나무도 귀엽네', '저 나무도 소개하고 싶다'라는 마음으로 계속 싣다 보니 무려 92종의 수종을 소개하게 되었다. 여러분의 정원에 있는 수종도 이 책에 등장했을지 모른다.

또 이 책에서는 가지치기 방법뿐만 아니라 각 수종에 생기는 곤충과 질병, 적당한 수종을 고르는 법, 수종별로 적합한 장소 등에 관한 다양한 정보를 '유기적인 연계'라는 관점에서 다루었다. 우리는 이 모든 요소가 한데 어울릴 때 실현되는 생물의 다양성을 추구한다. 이 책은 앞으로 정원을 조성하려는 사람이 자신에게 적합한 나무를 선택하는 데에도 도움이 될 것이다.

인간은 무슨 일이든 결과를 즉시 보려 하지만 식물의 시간은 인간의 시간보다 천천히 흐른다. 최소한 정원에 있을 때만이라도 식물의 시간에 몸을 맡겨 보면 어떨까? 설사 좁은 정원에 한두 그루의 나무를 키운다 해도 모두 무농약으로 정원을 관리한다면 숲이 하나 생기는 것과 같은 효과를 기대할 수 있다. 나무 한 그루만 있어도 거기서 생태계가 생겨나기 때문이다. 독자들이 이 책을 통해 나무와 사이좋게 지낼 방법을 찾기 바란다.

차례

가지치기란 무엇인가 8

정원수 편

모든 나무에 공통되는 가지치기 방법 14

관목 24

진달래과 26 / 단풍철쭉 30 / 일본조팝나무 32 / 마취목 33 / 개나리 34
식나무 36 / 치자나무 38 / 서향나무(천리향) 39 / 설구화 40 /
황매화 42 / 남천 44 / 가는잎조팝나무 46 / 금사도와 금사매(망종화) 48
공조팝나무 50 / 싸리나무 51

깎아 다듬기, 가지 솎기가 필요한 나무 52

동백과 산다화 54 / 금목서 60 / 참나무류 62 / 초령목(함소화) 64
피라칸타(피라칸사스) 65 / 감탕나무 68 / 구골목서 70 / 사철나무 72
홍가시나무 74 / 후피향나무 76 / 회양목(박스우드) 78 / 상록풍년화 80

대체 자르기가 필요한 나무 82

감귤류 86 · 노각나무 90 · 황칠나무 92 · 초피나무 94 · 동청목 96
배롱나무(백일홍) 98 · 산수유나무 100 · 준베리(미국채진목) 102
서어나무류(서나무류) 104 · 때죽나무 106 · 박태기나무 108 · 산딸나무 109
꽃산딸나무(미국산딸나무) 110 · 부용과 무궁화 112 · 목련과 자목련 114
참빗살나무 117 · 광나무 118 · 단풍나무 119 · 월계수 122 · 비파나무 124

가지가 직각으로 자라는 나무 128

매화나무(매실나무) 130 · 서부해당 134 · 산당화(명자나무) 135 · 감나무 137

가지가 늘어지는 나무 140

뜰단풍 142 · 수양매실(능수매실) 144 · 수양벚나무(능수벚나무) 145

가지가 어지럽게 나는 나무 146

그리피스물푸레나무 148 · 올리브나무 150 · 은엽아카시아(미모사) 153
병솔나무 156 · 보리수 157 · 석류나무 158 · 부들레야(여름 라일락) 160
자작나무 162

침엽수 164

측백나무 166 · 가이즈카향나무 168
화백나무와 편백나무(노송) 170
골드크레스트 윌마(율마) 171 · 나한송 172
소나무 173

덩굴식물 178

키위나무 180 ✦ 담쟁이와 송악 등 182 ✦ 능소화 184 ✦ 등나무 185

특수한 방법이 필요한 나무 186

수국 188 ✦ 뿔남천 191 ✦ 대나무와 조릿대 192 ✦ 팔손이 194

종려나무 196 ✦ 삼지닥나무 198 ✦ 칼미아(산월계수) 199

기초 편

나무를 심을 때 고려할 점 202

나무의 높이 204

나무의 방어층 206

유기농 스프레이 207

나쁜 가지치기의 예 210

정원 손질 도구와 사용법 212

후기 217

용어 색인 및 해설 219

가지치기란 무엇인가
정원수와 사이좋게 지내려면

지방에는 정원이 넓은 집이 간혹 있지만 대부분의 집은 정원 공간이 한정되어 있다. 그래도 좁은 공간에나마 나무를 심어 놓으면 10년, 20년에 걸쳐 나무가 성장하기 마련이다.

나무들이 커지면 부지 내의 풀과 나무가 서로의 성장을 방해하기도 하고, 키 작은 관목과 땅에서 자라는 풀이 나무 때문에 햇빛을 받지 못해 꽃을 피우지 않거나 아예 말라 죽는 일도 생긴다. 그러면 정원 전체의 일조나 통풍도 나빠진다.

또 나무가 너무 커지면 가지가 정원을 벗어나 전선이나 전화선과 충돌할 수도 있고 이웃집까지 가지를 뻗어 마른 잎을 떨어뜨려 이웃집의 홈통을 막아 버리기도 한다. 그러므로 한정된 공간에서 크기와 모양을 일정하게 유지하며 나무를 키우기 위해서는 인간의 손을 보태야 한다. 가지치기를 해야 하는 것이다.

나무든 풀이든 모양이나 크기를 일정하게 유지하고 싶다면 반드시 가지치기를 해야 한다. 즉 주기적으로 억센 가지를 솎아 내고 부드러운 가지를 남겨 나무 모양을 정돈해야 하는 것이다.

그러나 당연하게도 수종에 따라 나무 모양과 가지 모양, 나무의 기운과 꽃눈이 달리는 방식 등이 다르다. 그러므로 실제 가지치기 방법도 제각각이다. 또 앞으로 크게 키우고 싶은 나무인지, 지금의 크기를 유지하고 싶은 나무인지, 과감히 작게 만들고 싶은 나무인지에 따라 가지치기 방법도 달라진다.

나무의 에너지와 병충해

무조건 작게 줄인다거나 거치적거리는 가지를 다 솎아 낸다는 생각으로 가지치기를 하면 나무가 약해질 뿐만 아니라 병충해도 자주 생길 것이다. 또 나무 모양을 따라 흐르는 에너지(20쪽 참조)를 생각하지 않고 가지나 줄기를 마구 자르면 잘린 면에 에너지가 정체되어 이듬해에 잔가지가 폭발적으로 나기 때문에 이 역시 병충해가 발생하기 쉽다. 여기서 마구 자른다는 것은 관목을 깎아 다듬을 때처럼 큰 나무의 굵은 가지를 중간에 잘라 버리거나 가지, 잎, 눈을 가리지 않고 뭉텅뭉텅 자르는 것을 말한다.

잎의 역할

나무에게는 잎이 매우 중요하다. 에너지를 만들어 내려면 잎이 반드시 필요하기 때문이다. 그러므로 가지치기를 할 때도 잎을 어떻게 남길지 신경을 써야 하고 너무 심한 가지치기(너무 많이 솎아 내는 것)는 피하는 것이 좋다.

나무가 약해지는 원인

병충해가 해마다 발생한다면 나무가 약해져 있을 가능성이 높다. 나무가 약해지는 이유는 다양하다. 토질이나 배수에 문제가 있을 수도 있고, 뿌리 주변의 흙이 단단하게 다져져 있기 때문일지도 모른다. 나무를 너무 깊이 심거나 좁은 곳에 여러 종류를 빽빽하게 겹쳐서 심는 것도 좋지 않다. 농약 피해, 과다한 비료, 심한 가지치기, 과한 성장으로 좁아진 구덩이, 휘감아 올라오며 광합성을 방해하는 덩굴, 나무 주변의 콘크리트 공사에 따른 알칼리 피해, 동물의 방뇨에 따른 암모니아 피해 등도 나무를 약하게 만든다. 그 외에도 이유가 너무 다양해서 수목 관리사조차 한 가지를 정확히 짚어내기가 어렵다.

어쨌든 중요한 것은 나무에게 부담이 적게 가는 방식으로 가지치기를 해야 병충해를 예방하여 나무와 오랫동안 행복하게 지낼 수 있다는 사실이다. 공간의 제약을 고려하는 동시에 나무의 활기와 생기를 유지하면서 인간이 보기에도 아름다운 정원을 만들어 보자. 그러기 위해서는 현명한 가지치기가 반드시 필요하다.

왼쪽 가지치기 전
이러한 잡목림 스타일의 정원에서는 나무가 너무 울창해지지 않도록 대체 자르기를 하는 것이 좋다. 방문객이 자연스럽게 진입로에 들어서고 싶어지는 정원, 산뜻한 바람이 느껴지는 정원으로 만들자.

아래 가지치기 후

오른쪽 가지치기 전
층층형(172쪽)으로 가지치기 한 나한송이 문 앞을 지키고 서 있는 전통 일식 정원이다. 정원이 보이지 않을 정도로 나무가 무성해지면 방범에도 좋지 않으므로 상록수치고는 다소 강하게 다듬었다. 꽃이 핀 낙엽수도 꽃눈을 남기면서 가지를 솎아 냈다. 그 결과 훨씬 경쾌해 보이고 바람도 잘 통하게 되었다.

아래 가지치기 후

이 책 사용법

'정원수' 편 정원수로 인기 있는 나무 92종을 소개했습니다. 가지치기 방법에 따라 모든 나무를 '관목', '깎아 다듬기, 가지 솎기가 필요한 나무', '대체 자르기가 필요한 나무', '가지가 직각으로 자라는 나무', '가지가 처지는 나무', '가지가 어지럽게 나는 나무', '침엽수', '덩굴식물', '특수한 방법이 필요한 나무'의 9가지 그룹으로 나누고, 해당 그룹에 공통되는 가지치기 방법을 해설한 후 각각의 수종에 대해 설명했습니다.

'기초' 편 정원수에 대한 우리의 생각과 정원에서 쓰는 도구 등에 대해 해설했습니다.

가지치기 가지치기는 수목의 위치, 방향 등 정원사의 취향에 따라 달리할 수 있습니다. 가지치기의 결과를 보여드리기 위해 적합하지 않은 시기에 가지치기한 나무의 사진이 일부 수록되어 있습니다.

나무의 병충해 무농약, 무화학 비료로 관리하는 정원에서 발견된 것들을 주로 소개하였습니다.

곤충 해설한 나무가 아닌 다른 나무에 있었던 곤충의 사진이 일부 수록되어 있습니다. 우리나라에서 현재 발견되지 않은 곤충의 이름은 일본에서 통용되는 이름으로 기재했습니다. 이 책에 언급되지 않은 곤충은 전문가의 조언을 받기를 권합니다.

나무의 높이(수고) 이 책에서는 나무를 높이에 따라 다음과 같이 분류합니다. 자세한 사항은 204쪽에 수록했습니다.

- 관목: 땅에서 자라는 나무, 낮은 생울타리 등 눈높이보다 낮은 나무
- 소교목: 관목보다 높고 1층 건물보다 낮은 나무
- 교목: 1층 건물보다 높이 자라는 나무

일조량 이 책에서는 수목의 일조 환경을 아래와 같이 정의했습니다.

- 양지: 거의 종일 해가 드는 곳
- 반음지: 하루 3~4시간쯤 해가 드는 곳, 또는 양지이지만 나무 등에 가려서 양지의 절반 정도밖에 해가 들지 않는 곳
- 음지: 하루 3시간 미만으로 해가 드는 곳

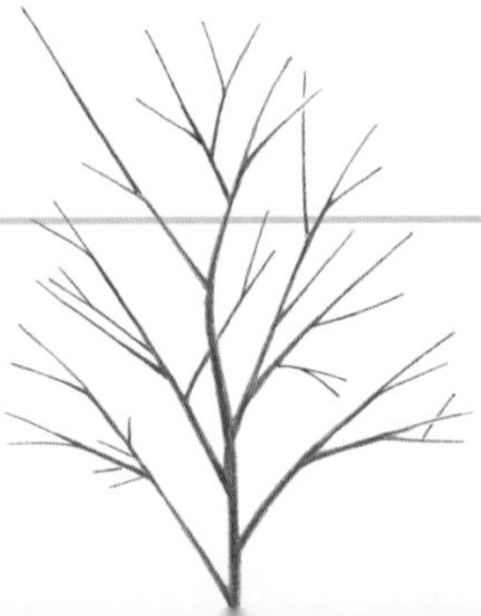

정원수 편

모든 나무에 공통되는 가지치기 방법

모든 나무에 공통되는 가지치기의 원칙은 **'강한 가지를 솎아 내고 부드러운 가지를 남긴다'**는 것이다. 이 원칙을 염두에 두고 나무가 좋아하는 가지치기, 사람의 눈에 아름답게 보이는 가지치기를 하자.

강한 가지란 '웃자란 가지'나 '굵고 억센 가지'를 말하며, **부드러운 가지**란 '가늘고 모양 좋게 자란 가지'를 말한다.

세 가지 가지치기 - 기르기, 유지하기, 줄이기

가지치기에는 기르기 위한 가지치기, 나무의 크기와 모양을 유지하기 위한 가지치기, 너무 커진 나무를 작게 줄이기 위한 가지치기가 있다.

기르는 가지치기는 가지를 늘려서 나무 모양을 새로 만들기 위한 가지치기다. 작은 묘목을 심은 후, 가치지기로 나무의 성장을 촉진하면서 원하는 높이와 모양이 되도록 유도하는 것을 말한다.

유지하는 가지치기는 묵은 가지를 새 가지로 대체하면서 나무의 크기와 모양을 현재대로 유지하는 가지치기다.

줄이는 가지치기는 너무 커진 나무를 작게 만드는 가지치기로 '강전정'이라고도 부른다. 가지치기를 과감하게 하라는 것은 강전정을 의미하며, 가지를 중간에서 과감히 자름으로써 새 가지가 나오도록 하여 나무 모양을 교정할 수도 있다.

가지치기의 시기와 횟수

수종마다 가지치기가 알맞은 시기가 다르므로 각각 적합한 시기에 손질하는 것이 이상적이다. 그러나 한꺼번에 여러 수종을 손질해야 하거나 정원 관리 업체에 가지치기를 의뢰해야 한다면 일반적으로 **연 2회**, 적어도 연 1회 이상 실시하는 것이 좋다.

다양한 수종을 한꺼번에 가지치기하는 시기로는 **잎이 완전히 돋아난 장마철** 또는 **동면에 들어가기 전인 가을부터 초겨울 사이**가 적합하다. 나무가 에너지를 이미 다 써 버려서 거의 성장하지 않는 시기이므로 크기를 유지하거나 관리하기에 적합하다.

나무 입장에서는 가장 지쳤을 때 가지를 잘리는 셈이니 괴로울 것이다. 그러나 인간이 만든 정원이라는 한정된 공간에 심긴 나무이므로 어쩔 수 없이 너무 자라지 않도록 손질할 필요가 있다.

움트는 시기에 가지치기를 하면 가지가 금세 돋아나서 애써 정돈해 놓은 모양이 금세 흐트러진다. 또 너무 덥거나 추울 때 강전정을 하면 나무가 약해지는데, 상록수가 특히 그렇다. 낙엽수의 굵은 가지를 과감히 잘라내고 싶을 때도 부패균이 활동하기 어려운 겨울을 선택하자.

꽃나무는 **꽃이 진 후 꽃눈이 나기 전**에 가지치기하는 것이 바람직하다. 또는 꽃눈이 부풀어 오른 것을 눈으로 확인할 수 있을 때 꽃눈을 남기고 가지치기해도 된다.

전체 균형을 생각하여 자를 것

가지치기에서 가장 중요한 것은 전체적인 균형이다. 여기서 말하는 균형이란 **'가지가 골고루 배분된 상태'**를 뜻한다. 어떤 곳은 빽빽하고 어떤 곳은 듬성듬성하다면 균형이 맞지 않는 것이다. **전체적으로 동일한 밀도로 가지가 펼쳐져 있어야 한다.**

그러나 일부분만 보면서 가지치기를 하면 전체적인 균형을 파악하기 어렵다. 그러니 작업 중에 때때로 나무에서 조금 떨어져서 전체를 보며 작업을 진행하자.

위쪽은 강하게, 아래쪽은 약하게

나무의 기운은 위로 갈수록 강해지고 아래로 갈수록 약해진다. 따라서 위쪽은 강하게 쳐도 괜찮지만 아래쪽을 강하게 치면 가지가 마를 수 있다.

마찬가지로 수목이 밀집한 곳에 있는 나무를 방치했을 경우에도 아래쪽 가지부터 차례차례 마른다. 그렇게 만들지 않기 위해서라도 위쪽을 강하게 쳐낼 필요가 있다.

웃자란 가지

웃자란 가지란 왕성하게 자라 바깥으로 불쑥 튀어나온 가지를 말하는 것으로, 올해 새로 난 웃자란 가지에는 꽃이나 열매가 거의 달리지 않는다. 높이를 확보하여 빨리 자라기 위한 가지이기 때문이다. 식물에게 꽃을 피우는 일은 출산과도 같은데, 나무도 성장기에는 에너지를 성장에 할애하기 때문에 출산이라는 중대 사업을 수행할 여력이 없는 것이다. 오히려 웃자란 가지에서 올해 새로 난 가지에서 꽃이 피고 열매가 맺힌다.

그러므로 웃자란 가지는 기본적으로 밑동을 잘라서 솎아 내야 한다. 다만 경우에 따라서는 가지 중간을 자르기도 한다.

얽힌 가지, 겹친 가지, 거꾸로 난 가지, 위로 난 가지

다른 가지와 얽히듯 자란 가지(얽힌 가지), 상하로 평행하게 같은 방향으로 난 가지(겹친 가지 또는 평행지), 안쪽이나 아래쪽으로 난 가지(거꾸로 난 가지 또는 내향지, 하향지), 하늘을 향해 똑바로 자란 가지(선 가지 또는 상향지)는 잘라내는 것이 원칙이다. 그러나 이런 가지도 빈 가지가 생길 것 같다면 전체적인 균형을 위해 남겨 둘 수 있다.

실생, 움돋이, 몸통가지

가지의 절단면이나 몸통에서 난 싹은 잘라내는 것이 기본이지만, 이런 곳에서 싹이 돋는 것은 나무가 약해졌다는 뜻이기도 하다. 나무가 살아남기 위해 잘린 곳이나 몸통에서 싹을 틔운 것이다.

실생(実生) 정원에 심지도 않은 나무가 돋아나서 놀란 적은 없는가? 또 가끔은 이웃집과의 사이에 세운 담에서 나무가 자라거나 다른 나무에 바싹 붙어서 새로운 나무가 돋아나기도 한다. 이는 어디선가 흘러든 씨앗이 좋은 환경 덕분에 싹을 틔운 것이다.

테라스 옆에 돋아난 배롱나무의 실생

이 싹은 대부분 새가 배출한 배설물 속의 씨앗이 발아한 것이다. 때로는 바람을 타고 날아온 씨앗, 개미가 가져온 풀꽃이 새로운 싹을 틔운 것이기도 하다. 그러나 그런 싹을 그대로 두면 점점 커져서 다른 나무와 부딪히거나 이웃집 부지를 심각하게 침입하는 탓에 결국 뽑아 버리는 일이 많다.

침엽수를 제외한 모든 수목은 줄기를 잘라도 다시 가지가 나오므로 뿌리째 뽑아야 한다. 하지만 이처럼 실생에서 나무가 자라난 경우, 뿌리가 우엉처럼 깊고 똑바르게 자라면서 다른 나무의 뿌리와 얽히고 담을 넘어가기도 하므로 깨끗하게 제거하기가 어렵다.

정원에서는 이런 일이 매우 흔하다. 그러므로 정원을 둘러볼 때마다 심은 적 없는 식물이 자라고 있지 않은지 잘 살펴보고, 있다면 일찍부터 뿌리를 뽑아야 한다. 어린 싹이라면 간단히 제거할 수 있을 것이다.

어떤 식물로 자랄지 궁금하더라도 즉시 파서 화분으로 옮겨 심어야 한다. 설사 키우고 싶은 식물이라 해도 화분에서 조금 키우다가 다른 곳으로 옮겨 심도록 하자. 그래야 부적절한 위치에서 크게 자라지 않는다.

움돋이 땅속의 뿌리에서 가지가 올라온 것을 말한다. 기본적으로는 지면에서 최대한 가깝게 잘라야 하지만 본체가 약해져 있을 때 나무를 지탱하기 위해 남겨 두거나 다간형으로 만들고 싶어서 일부러 남겨 두기도 한다. 다간형이란 땅에서 여러 줄기(3개의 줄기나 5개의 줄기 등 홀수가 좋음)의 가지가 올라와 있는 나무 모양을 가리킨다.

목련의 움돋이

몸통가지 본체에서 돋아난 싹을 몸통싹이라고 하는데, 그중 일부가 자라면 몸통가지가 된다. 이것은 약해진 나무가 광합성량을 늘리기 위해 긴급하게 틔운 싹이다. 특히 감귤류의 경우에는 몸통싹이 거의 다 얽힌 가지로 자라므로 미리 잘라내는 것이 좋다.

통풍과 일조, 미관 때문에 전부 남길 수는 없지만 얽힌 가지가 되지 않을 듯한 잔가지나 잎이라면 1년쯤 지켜보아도 된다. 대부분은 역할을 다하고 자연스럽게 말라 죽기 때문이다.

산수유의 몸통가지

금목서 등은 강전정 후에 위기가 왔다고 판단하여 몸통싹을 한꺼번에 많이 틔울 수 있다. 이것은 나무가 약해져서 틔운 싹이 아니므로 전부 잘라 버려도 된다. 반면 기운이 약해져 몸통에서 싹이 튼 것이 분명하다면 당분간 강전정을 피해야 한다.

꽃을 보고 싶다면

강전정 후에는 나무가 기운 회복과 성장에 에너지를 모두 쓰는 탓에 꽃을 피우지 않을 때가 있다. 또 잘못된 가지치기로 가지 끝의 꽃눈을 다 자르는 바람에 꽃이 피지 않기도 한다.

대부분의 수종은 그해 혹은 지난해에 나온 가지에 꽃을 피우지만 일부 수종은 상당히 성장하여 나이를 먹어야만 꽃을 피운다.

간혹 비료가 부족하면 꽃이 피지 않는다고 생각하는 사람이 있다. 그런데 오히려 비료를 너무 많이 주어서 꽃이 피지 않는 경우가 있으니 주의하자. 영양이 과하면 성장에 에너지가 전부 쓰이기 때문이다.

나무가 시들시들하다면

한여름에 과도한 강전정을 하면 상록수의 기운이 특히 약해질 수 있다. 마른 잎을 스스로 자연스럽게 떨어뜨린다면 그나마 괜찮지만, 그게 아니라면 그대로 말라 죽을 가능성이 크다. 다만, 이미 말라 죽은 듯한 나무가 땅에서 움을 틔우는 경우도 있으니 이듬해 봄까지는 기다려 보자.

나무를 옮겨 심을 때도 주의해야 한다. 감귤류나 서향나무처럼 옮겨심기를 싫어하는 나무도 있고, 노각나무처럼 한여름에 새로 심거나 옮겨 심으면 조금씩 마르는 수종도 있기 때문이다. 또 줄기가 땅속에 묻힐 정도로 너무 깊이 심으면 나무가 산소 부족으로 서서히 말라 죽는다. 뿌리분* 윗부분이 지면과 같은 높이가 되도록 심는 것이 원칙이다. 그러나 추위가 심한 지역에서는 조금 깊이 심고, 물빠짐이 좋지 않은 땅에서는 조금 높이 심고 둑을 높여준다.

화학 비료, 농약, 살균제를 쓰지 말자

약해진 나무를 건강하게 만들겠다며 화학 비료를 쓰는 사람이 있는데, 절대 그러면 안 된다. 그것은 인간으로 말하자면 빈사 상태의 병자에게 스테이크를 먹이는 것과 같기 때문이다. 애가 타더라도 잠자코 지켜보자.

나무를 새로 심을 때는 1년 동안 되도록 거름을 주지 않는 것이 좋다. 그래도 비료를 주고 싶다면 품질 좋은 부엽토(수입품에는 검역 때문에 농약이 묻게 됨) 또는 첨가물이나 농약이 포함되어 있지 않은 음식찌꺼기 퇴비, 친환경 유기농 퇴비를 구입해서 쓰자.

농약을 쓰면 농약이 빗물과 함께 땅속으로 스며들어 나무뿌리를 망가뜨린다. 평소에 물이나 비료를 지나치게 주지 말고 가능한 한 버팀목을 쓰지 않는 등 강하게 키우는 것이 좋다. 그래야 나무의 생명력이 강해져 병충해를 막을 수 있다.

넓은 절단면에 바르는 도포제나 접붙이기에 쓰는 접밀(접착제)**에 대해서는 '나무의 방어층'(206쪽)을 참조하기 바란다.

---

* 수목을 옮겨심기 위해 흙이 달린 채로 파낸 뿌리 부분

** 식물을 접붙일 때 접붙인 자리에 습기가 차거나 마르지 않도록 겉면에 바르는 물질. 밀랍 수지에 돼지기름, 알코올, 송진 따위를 섞어서 만드는 접합용 왁스라 생각하면 된다.

나무의 에너지 흐름을 고려하여 자르자

활엽수의 모습을 떠올려 보자. 나무는 땅에서 물과 양분을 빨아들이고 잎으로 광합성을 하며 가지와 잎을 뻗는다. 마치 대지에서 빨아 올린 에너지를 가지 끝을 통해 주변 공간으로 내뿜는 듯한 모습이다. 그 에너지의 흐름을 가로막지 않는 방식으로 가지를 정리하는 것이 중요하다.

따라서 종류가 다른 나무를 바싹 붙여 심는 것도 좋지 않다. 수종이 같다면 여러 그루라도 한 그루처럼 사이좋게 자라지만 수종이 다르다면 서로 닿는 것을 싫어하여 둘 중 하나가 말라 버릴 수 있다.

수종별로 적합한 환경이 다르다

나무는 수종마다 선호하는 환경이 다르다. 양지를 좋아하는 나무가 있는가 하면 반음지 또는 음지를 좋아하는 나무가 있다. 선호하는 토질도 모래, 진흙, 건조한 땅, 습윤한 땅, 메마른 땅, 비옥한 땅 등 제각각이다. 그러므로 적합하지 않은 환경에 나무를 심으면 나무의 기운이 약해진다. 나무를 애초에 부적합한 환경에 심어 놓고 화학 비료와 농약으로 관리하는 것은 환경이나 인간, 나무에게도 부담스러운 일이다. 환경에 잘 맞는 식물로 정원을 구성하면 정원을 꾸미고 유지하는 즐거움이 배로 커질 것이다.

대체 자르기(가로로 벌어진 가지)

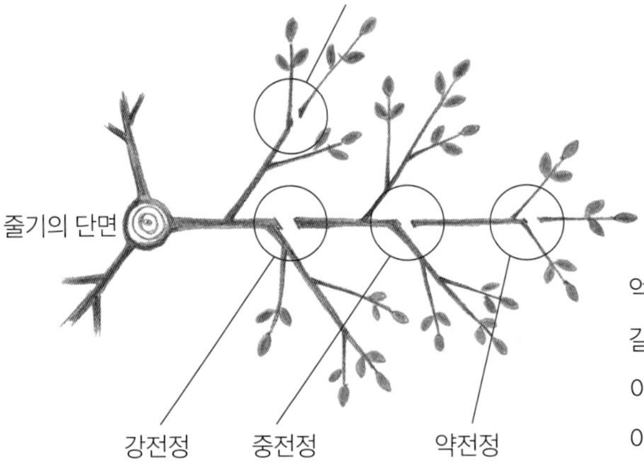

억센 가지를 가지 끝에서부터 더듬어 보기 좋게 갈라진 곳에서 자른다. 가지 밑동에 가깝게 깊이 자를수록 강전정이다. 이렇게 자르면 단면이 아닌 부드러운 가지 끝이 바깥쪽으로 나오므로 자연스러운 나무 모양이 완성된다.

대체 자르기(세로로 벌어진 가지)

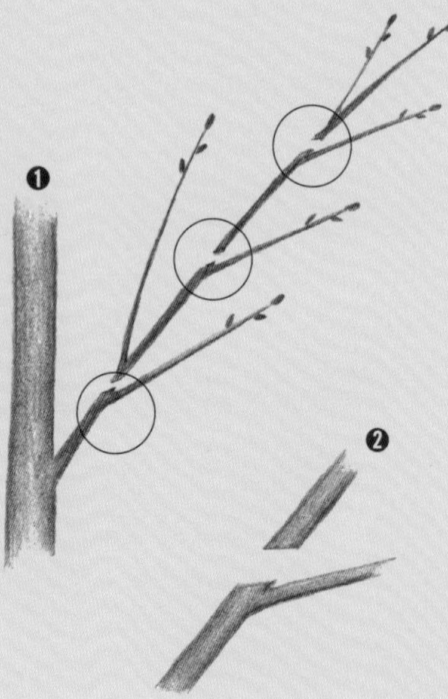

❶ 억세고 길게 자란 가지를 가지 끝에서부터 더듬어서 바깥쪽으로 뻗은 가지가 보기 좋게 갈라진 곳에서 자른다.

❷ 남길 가지와 단면의 각도가 같으면 단면이 눈에 거의 띄지 않는다. 너무 바싹 자르면 가지 전체가 말라 버릴 수 있고, 너무 길게 남기면 남은 부분이 마르거나 잔가지가 많이 나서 나무 모양을 망칠 수 있다.

중간 자르기

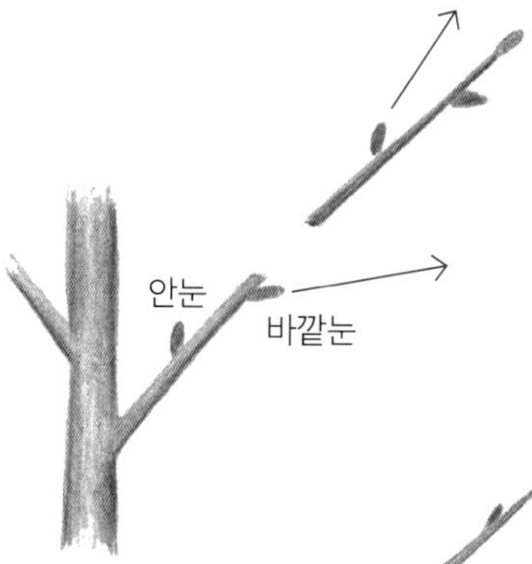

가지를 중간에서 잘라 길이를 줄이는 것을 '중간 자르기'라고 한다. 중간 자르기를 할 때는 바깥눈의 바로 윗부분을 잘라야 바깥눈이 자랐을 때 가지의 모양이 자연스러워진다. 안눈의 윗부분을 자르면 안눈이 선 가지나 얽힌 가지로 자라기 쉽다.

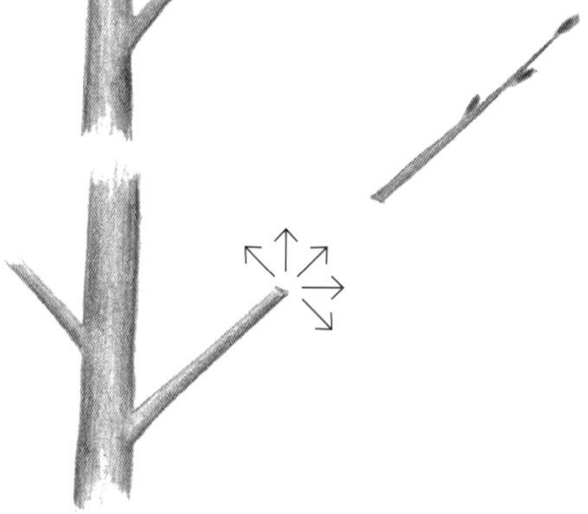

가지를 균형 있게 배분하려다 눈까지 다 잘라 버리는 경우가 있는데, 그러면 잘린 곳에서 새 가지가 빽빽하게 나거나 가지 전체가 말라 버릴 수 있으니 주의하자.

웃자란 가지, 얽힌 가지, 선 가지, 거꾸로 난 가지

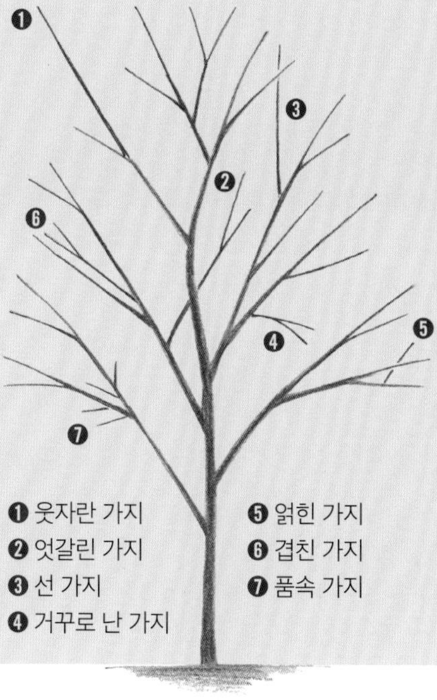

❶ 불쑥 튀어 나온 억센 가지(웃자란 가지 또는 도장지)는 밑동에서 자른다. 필요에 따라 가지 중간을 자르기도 한다. ❷ 다른 가지와 엇갈리게 자란 가지(엇갈린 가지 또는 교차지) ❸ 선 가지(상향지) ❹ 안쪽이나 아래쪽으로 난 가지(거꾸로 난 가지 또는 내향지, 하향지) ❺ 다른 가지에 얽히듯 자란 가지(얽힌 가지) ❻ 위아래로 평행하게 나란히 뻗은 가지(겹친 가지 또는 겹가지, 평행지) ❼ 안쪽에서 돋아난 잔가지(품속 가지)는 원칙적으로 솎아 낸다. 나무 모양에 구멍이 나는 것을 방지하기 위해 이 가지들을 남기기도 한다.

관목

관목이란 높이가 눈높이보다 낮아서 관리하기 쉬운 나무를 말하며, 회양목, 철쭉, 쥐똥나무, 영산홍, 화살나무, 조팝나무 등이 있다. 단, 진달래 등은 1.5 m 이상이더라도 관목으로 취급한다.

관목은 교목이나 소교목의 뿌리를 뒤덮듯 하여 외관의 균형을 맞추기 위한 '뿌리 덮개 식물', 일정한 면적의 지면이 보이지 않도록 빽빽하게 덮어 심는 '피복 식물', 통로와 피복 식물 사이의 경계나 식재 구역과 구조물 사이의 칸막이 역할을 하는 '경계 식물'로 주로 쓰인다.

가지치기 방법은 수종에 따라 다르다. 잔가지가 빽빽하게 나야 하는 수종(진달래 등)에는 '깎아 다듬기'가 적합하고 하나 또는 몇 개의 줄기 위에 가지와 잎이 나도록 해야 하는 수종(치자나무, 서향나무 등)에는 튀어나온 억센 가지를 분기점까지 더듬어 자르는 '대체 자르기'가 적합하며, 황매화처럼 긴 가지가 바큇살 모양으로 자라는 수종에는 굵은 가지를 지면에서 하나하나 솎아 내는 '가지 솎기'가 적합하다. 어떤 관목이든 땅 쪽의 통풍이 원활해지도록 가지를 솎아 주어야 해충의 온상이 되지 않는다.

깎아 다듬기

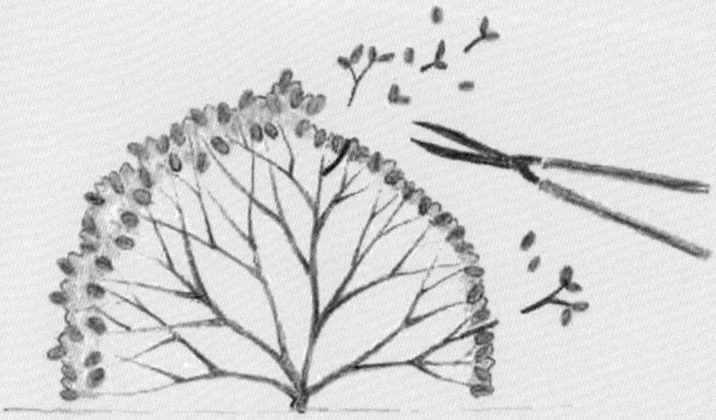

❶ 상부는 잎이 아슬아슬하게 남을 만큼 강전정하여 깎는다. ❷ 하부는 잎이 너무 적으면 가지째 마르기 쉬우므로 되도록 약하게 잘라 잎을 많이 남긴다. ❸ 굵은 가지의 절단면이 눈에 띈다면 그 가지를 더 듬어 안쪽에서 잘라 준다.

가지 솎기

❹ 억센 가지를 대체 자르기로 제거한다. 부드러운 가지를 남기면서 가지를 균형 있게 배분하고 나무 모양을 정돈한다.

지면 가지 솎기

❺ 억세고 긴 가지를 되도록 지면에 가깝게 잘라서 솎아 낸다. 대체 자르기와 중간 자르기를 병행하여 부드러운 가지를 남기면서 가지를 균형 있게 배분한다.

진달래과

진달래과 낙엽관목
● 가지치기 시기 꽃이 진 후 6월까지 ● 꽃 4~6월
● 병충해 극동등에잎벌, 진달래방패벌레, 응애벌레, 떡병

진달래는 발치에서 꽃을 피우는 작은 나무로 여겨질 때가 많지만, 내버려 두면 성인의 키를 훌쩍 뛰어넘을 정도로 크게 자란다. 종류도 아주 많다.

정원에서는 큰 나무의 뿌리 주변에 심을 때가 많으나 큰 나무에 가려 햇빛을 받지 못하면 꽃이 피지 않는다. 그리고 해가 잘 드는 남향 생울타리의 하단에 심으면 꽃이 잘 피지만 여름에 가뭄이 이어지면 말라 버릴 수 있다. 이는 뿌리가 얕은 탓이니 비가 한참 오지 않을 때는 물을 주어야 한다. 진달래 중에는 수령이 800년이나 되는 진달래도 있다.

가지치기 방법 기본은 깎아 다듬기다. 특히 꽃이 진 후에는 강전

진달래과에는 다양한 종류가 있다.
1 영산홍(규슈 서부)
2 영산홍(소전급)
3 철쭉
4 홍백진달래

1 가지치기 전의 영산홍 생울타리. 진달래류는 꽃이 진 후에 강전정하는 것이 좋다. 약하게 깎으면 해마다 커진다. 단, 꽃눈이 나오는 8월 이후에는 강하게 깎으면 안 된다.

연말에 장식 등의 목적으로 모양을 다듬고 싶다면 꽃눈을 자르지 않도록 조심하면서 가볍게 깎자.

2 가지치기 후

3 공 모양으로 깎아 다듬기 전의 진달래

4 가지치기 후

정이 필요하다. 단, 8월쯤에 꽃눈이 돋아나기 시작하므로 여름 이후에는 강전정을 피한다.

가을부터는 튀어나온 가지를 가볍게 깎아 다듬는 것으로 만족하자. 이 시기에 강전정을 하면 이듬해 봄에 꽃을 볼 수 없다. 그렇다고 매해 약하게만 다듬으면 해마다 높이만 커진다.

병충해 5~11월에 발생하는 극동등에잎벌의 유충이 잎을 갉아먹는다. 어두운 남색의 성충이 잎 가장자리에 산란관으로 알을 낳으면 알에서 부화한 유충이 잎맥만 남기고 잎을 모조리 먹어치우는 것이다.

이 해충은 건강한 나무에는 알을 잘 낳지 않으므로 약한 나무가 피해를 당하기 쉽다. 상황이 심각해지면 나무를 과감히 파내서 해가 잘 드는 곳으로 옮겨 심어야 한다. 극동등에잎벌의 천적은 사마귀, 도마뱀, 거미, 침노린재류, 개구리, 새, 벌, 땅벌, 기생파리 등이다.

5~9월에는 진달래방패벌레도 자주 꼬인다. 이 벌레는 유충, 성충 할 것 없이 잎의 진을 빨아먹는다. 잎의 표면이 색 바랜 듯 허옇게 변했다면 이 벌레가 생긴 것으로, 잎 뒷면에 거무스름한 배설물이 붙어 있을 것이다. 육식 침노린재류가 이 진달래방패벌레를 먹어 치우며, 땅에 떨어진 잎을 깨끗이 치우면 성충 진달래방패벌레가 나무 밑으로 낙하하여 낙엽 밑에서 월동하는 것을 막을 수 있다.

극동등에잎벌
1 유충이 파먹은 흔적
2 거미가 왼쪽 아래에서 유충을 노리고 있다.
3 진달래 잎 가장자리에 파묻듯이 알을 낳는다.
4 성충

1 진달래방패벌레의 성충. 망사처럼 생긴 날개가 투명하고 아름답게 빛난다. 고온 건조하고 바람이 잘 통하지 않을 때 번식하기 쉽다. 한 해에 4~5번 발생한다.

2 진달래방패벌레에 먹힌 흔적. 잎의 표면이 희게 변했다. 뒷면의 검은 반점은 진달래방패벌레의 배설물이다.

3 한여름의 더위와 물 부족으로 말라 버린 진달래. 나중에 회복했다.

4 다양한 곤충이 진달래에서 꿀을 가져간다.

5 현애 진달래. 식물이 높은 곳에서 늘어지듯 자란 것을 분재 용어로 '현애'라고 한다.

1

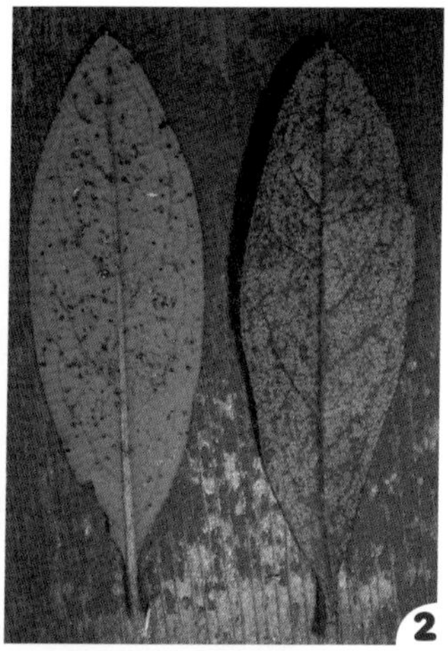
2

3

4

5

단풍철쭉

진달래과 낙엽관목

- 가지치기 시기 5~6월 ● 꽃 4월
- 병충해 진딧물, 깍지벌레
- 건조한 곳을 싫어한다.

봄에는 부드러운 새순을 틔우고 여름에는 흰 은방울꽃처럼 귀여운 꽃을 피우며, 가을에는 단풍을 보여주고 겨울에는 낙엽을 떨어뜨린다. 이 나무 하나로 사계절의 아름다움을 즐길 수 있는 셈이다. 일본에서는 만천성滿天星으로도 불리는데, 흰 꽃이 아래로 늘어진 채 주렁주렁 달려 있는 모습은 말 그대로 별이 가득한 밤하늘 같다. 낙엽수지만 가지가 가늘고 빽빽하여 생울타리로 자주 쓰인다.

가지치기 방법 맹아력(본체가 훼손되어도 남아 있는 그루터기에서 새로운 줄기를 다시 만들어 내는 능력)이 강하므로 자유롭게 깎을 수 있다. 단, 과감하게 깎으려면 꽃이 진 뒤인 5~6월이 적합하다. 다른 시기에 깎으면 이듬해 꽃이 부실해진다.

병충해 예전에 내가 병충해에 강하다고 생각하여 비를 맞지 않는 곳에 심었더니 진딧물과 이세리아깍지벌레가 생긴 적이 있다. 그러나 곧바로 칠성무당벌레와 꽃등에의 유충이 진딧물을 다 잡아먹었다. 무농약 정원의 풍요로움을 다시금 확인하게 된 사건이었다.

1 꽃등에 유충. 구더기처럼 징그럽게 생겼지만 진딧물을 싹 먹어치운다.
2 꽃등에의 번데기. 물방울 같은 모양이다.
3 꽃등에 성충
4 칠성무당벌레의 유충. 생김새를 모르는 사람이 의외로 많다.
5 단풍철쭉의 진딧물
6 단풍철쭉의 깍지벌레

약하게 깎으면 해마다 커지므로 꽃이 진 후에 강전정한다. 다 깎은 후에 굵은 가지의 절단면이 밖으로 튀어나와 있다면 안쪽에서 중간 자르기하여 보이지 않게 마무리한다.

1 가지치기 전의 단풍철쭉
2 가지치기 중　**3** 가지치기 후
4 가지치기 전의 생울타리. 가을에 단풍이 든 모습
5 가지치기 후

일본조팝나무

장미과 낙엽관목
- 가지치기 시기 6월 하순~7월 ● 꽃 5월 하순~7월
- 병충해 병충해에 강함 / 가끔 조팝나무둥근잎벌, 깍지벌레, 흰가루병
- 진분홍, 연분홍 또는 흰색 꽃을 피우며 추위와 더위를 잘 견딘다.

귀여운 꽃을 피우면서도 너무 튀지 않아 일본의 정원에서 오랫동안 사랑받았던 나무다. 병충해에 강하고 더위와 추위도 잘 견딘다. 심지어 사랑스러운 꽃을 오랫동안 피우기까지 하니 최고의 정원수라 할 수 있다. 반음지를 가장 좋아하지만 건조한 환경이나 바닷바람도 잘 견디고 양지에서도 잘 자란다.

가지치기 방법 시든 꽃을 그대로 두면 지저분해 보이므로 꽃이 진 후 가볍게 깎아 정리하자. 환경이 양호하면 깎은 뒤에 두 번째 꽃이 피기도 한다. 웃자란 가지는 손으로 더듬어 분기점에서 자르고, 가지끼리 얽히거나 겹칠 듯하면 굵은 가지를 지면에서 솎아 낸다.

병충해 간혹 흰가루병이 생기거나 조팝나무둥근잎벌의 유충이 잎과 꽃봉오리, 꽃을 갉아먹지만 대체로 건강하다. 진딧물도 가끔 생긴다.

1 가지치기 전
2 가지치기 후. 깎아 다듬은 후 복잡하게 얽힌 가지를 지면에서 솎아 내고 대체 자르기를 하여 통풍을 개선했다.
3 조팝나무둥근잎벌(잎벌 종류)의 유충이 잎과 꽃봉오리, 꽃을 갉아먹는다. 유충은 몸통에 노란색, 녹색, 보라색이 섞여 있는데다 물방울처럼 생긴 흰 술이 달려 있어서 무척 귀엽다.

마취목

진달래과 상록관목
- 가지치기 시기 5~6월
- 꽃 3~4월 ● 열매 9~10월
- 병충해 거의 없음 / 가끔 갈색점무늬병

말이 먹으면 술에 취한 것처럼 비틀거린다고 해서 '마취목馬醉木'이라는 이름이 붙었다. 유기 농업을 하는 사람들은 예전부터 이 나무의 잎을 끓여 마늘 등과 섞어서 '자연 농약'으로 만들어 사용해 왔다(만드는 법은 41쪽). 꽃과 잎을 함께 넣어 끓이면 최대의 효력을 발휘한다고 한다. 그래서인지 내가 기억하기로 마취목에는 병충해가 한 번도 발생하지 않았다.

반음지에서 잘 자라지만 양지라도 배수가 잘 되는 곳, 점토질이 아닌 곳이면 잘 자란다. 빨간색, 흰색, 분홍색의 꽃을 피우는 마취목은 수령이 많아지면 꽃을 흐드러지게 피운다.

가지치기 방법 5~6월경 가지를 솎고 모양을 다듬는다. 마취목은 성장이 더디므로 방치하기 쉽지만, 원하는 높이가 되는 시점부터 가지치기를 하여 높이를 제한하지 않으면 큰 나무로 자란다.

1 가지치기 전
2 가지치기 후
3 빨간 꽃이 핀 마취목

개나리

물푸레나뭇과 낙엽관목

- 가지치기 시기 12월~이듬해 1월, 5~6월 ● 꽃 3~4월
- 병충해 깍지벌레, 큰날개매미충류, 흰가루병, 깃무늬병
- 양지를 좋아한다.

개나리는 양지에 있어야 아름답게 핀다. 초봄에 눈부신 황금색 개나리로 뒤덮인 생울타리를 보면 봄이 왔음을 절감하게 된다. 최근에는 원예종 중에서도 꽃이 크고 아름다운 한국 원산의 개나리가 많이 유통된다.

가지치기 방법 12월~이듬해 1월경에 가볍게 정리하고 꽃이 진 후인 5~6월경에 과감하게 가지치기하자. 눈에 거슬리는 웃자란 가지는 더듬어서 밑동을 자른다. 그러나 꽃이 가지 아래쪽까지 달리므로, 특별한 병충해만 없다면 생울타리든 단독으로 심은 것이든 관계없이 깎아 다듬기로 손질해도 괜찮다. 다만 단독으로 심은 것이라서 깎아 다듬는 방식으로는 자연스러운 느낌을 낼 수 없다고 생각된다면 억센 가지만 솎아 내고 평범한 구형으로 다듬어도 된다.

1 공 모양으로 가지치기하기 전의 진달래 **2** 가지치기 전의 개나리 생울타리 **3** 가지치기 후의 개나리 생울타리

병충해 간혹 깍지벌레가 발생하는데, 그럴 때는 얽힌 가지를 솎아 통풍을 개선하면 된다.

식나무

층층나뭇과 상록관목
- 가지치기 시기 사계절. 단, 강한 가지치기는 6월경
- 꽃 4~5월 ● 열매 12월~이듬해 6월
- 병충해 큰날개매미충류, 깍지벌레, 갈색점무늬병
- 암수딴그루로 암나무에만 열매가 열린다.

정원에서는 '꽃이 두드러지지 않는다', '잎만 있다'라고 낮게 평가되기도 하지만, 반질반질한 잎이 아름다우며 어지간한 그늘에서도 건강하게 자란다. 오히려 그늘에 있어야 잎이 타지 않으므로 환경이 열악한 정원에 제격이다. 우리나라는 남부지방에서만 자란다.

잎에 얼룩이 있는 것을 심으면 그늘진 구석이 환해지고, 암나무를 심어서 붉고 예쁜 열매를 감상할 수도 있다. 하지만 아무래도 눈길이 닿지 않는 곳에 있다 보니 잊어버리기 쉽다. 몇 년씩 방치하면 제멋대로 울창하게 자라며, 이때 깍지벌레 등이 꼬이기 쉽다.

가지치기 방법 잎이 무거워 보이면 가지를 솎아서 무게를 덜어 주고 통풍을 개선한다. 겨울에는 강전정을 피한다.

1 식나무에 발생한 깍지벌레
2 부채날개매미충 유충. 바람이 통하지 않는 곳에 발생했다.
3 부채날개매미충 성충
4 식나무의 갈색점무늬병. 사상균이 일으키는 병으로, 잎이 군데군데 검게 변했다.

1 가지치기 전. 식나무는 음지나 반음지를 좋아한다. 가지치기할 때는 복잡하게 얽힌 가지를 지면에서 솎아 내고, 웃자란 가지, 튀어나온 가지는 손으로 더듬어서 잎이 바깥쪽으로 난 곳 바로 위를 자른다.
2 가지치기 후
3 수꽃
4 열매와 암꽃
5 음지에 점박이 식나무가 있으면 분위기가 밝아진다.

치자나무

꼭두서닛과 상록관목

- 가지치기 시기 6월 하순~7월 ● 꽃 6~7월
- 열매 11~12월 ● 병충해 줄녹색박각시
- 반음지와 습윤한 토양을 좋아한다.

여름에 달콤한 향기가 나는 흰 꽃을 피우며, 특히 습도가 높은 지역에서 진한 향을 내뿜는다. 밤이 되면 향기가 더욱 진해지는 느낌이다. 겨울에 열리는 주황색 열매는 홑꽃에만 달리며, 이 열매는 일본의 명절 음식인 구리킨톤(밤 조림)의 색을 내는 데 쓰인다. 맛있어서 그런지 직박구리 등도 겨울에 이 열매를 자주 쪼아 먹는다. 우리나라 남부지방에서 잘 자라고 중북부에서는 월동이 불가능하다.

가지치기 방법 꽃이 진 뒤 가지 솎기를 하여 원하는 높이로 만들고 무게를 덜어 준다. 내버려 두어도 그다지 무성해지지 않으므로 손이 많이 가지 않는다.

병충해 줄녹색박각시의 유충이 잎을 갉아먹는다. 녹색이라서 눈에 잘 띄지 않지만 발견하는 즉시 나무젓가락으로 잡아서 밟아 죽이자. 성충은 벌새를 닮은 아름다운 나방이다.

1 가지치기 전
2 가지치기 후
3 줄녹색박각시 한 마리가 번데기가 될 때까지 약 15장의 치자나무 잎을 먹는다고 한다.

서향나무
–천리향

팔꽃나뭇과 상록관목
- 가지치기 시기 6월 하순~7월 ● 꽃 2~3월
- 병충해 거의 없음 / 가끔 진딧물, 잎말이나방, 모자이크병
- 반음지를 좋아하며 향기 나는 꽃을 피운다.

정원에 꽃이 거의 없는 2~3월경에 향기로운 꽃을 피우는 나무다. 흰 꽃이 피는 것을 백서향(향이 천리까지 간다고 하여 '천리향'이라고도 불린다), 잎에 테두리가 있는 것을 무늬서향이라고 한다. 심은 지 오래 된 것을 옮겨 심으면 약해지므로 처음부터 심을 곳을 잘 선택해야 한다. 배수가 잘 되면서 강한 바람이나 직사광선에 노출되지 않는 반음지에 심는 것이 좋고, 습한 곳에 심는다면 흙을 약간 돋워 높이 심어야 한다.

가지치기 방법 기본적으로 모양이 유지되므로 꽃이 진 후에 튀어나온 가지만 정리하면 된다. 수명이 짧아서인지, 잎이 점점 줄어들다가 저절로 말라 버리기도 한다. 꺾꽂이(식물의 영양 기관인 가지나 잎을 잘라낸 후 땅에 다시 심어서 기르는 것)에 적합한 수종이므로 햇가지가 자리 잡는 6월 하순부터 7월 사이에 빽빽한 가지를 솎아서 꺾꽂이를 해도 좋다.

1 가지치기 전. 튀어나온 가지부터 차례차례 대체 자르기로 제거한다.
2 가지치기 후
3 빨간 꽃이 일반적이며 흰 꽃은 향기가 희미하다.

설구화

인동과 낙엽관목
- 가지치기 시기 1~3월 상순, 5월 하순~6월
- 꽃 5월 중순~6월 상순 ● 병충해 참긴더듬이잎벌레, 흰가루병
- 양지를 좋아한다.

산에 자생하는 별당나무에서 파생된 원예종으로, 공 모양의 흰 꽃송이가 아름다운 나무다. 공조팝나무보다 꽃이 커서 지름이 최대 7~10 cm에 이른다. 추우면 가지가 마를 수 있으며 물올림(식물이 물을 빨아올리는 것)이 좋지 않아서 꽃꽂이에는 적합하지 않다.

가지치기 방법 햇가지에 꽃이 피므로 새로 나온 가지를 남기고 묵은 가지를 과감히 정리한다. 깎아 다듬기에는 적합하지 않으므로 반드시 가지 솎기를 해야 한다.

병충해 참긴더듬이잎벌레의 유충이나 성충이 잎을 갉아먹을 때는 재거름(낙엽이나 나뭇가지를 저온에서 태워 만든 재로, 흙과 잎에 엷고 균등하게 뿌려 식물의 성장을 돕는 거름)을 잎에 아주 얇

1 설구화. 길게 자란 드센 가지를 더듬어서 밑동을 자른다. **2** 산에 자생하는 별당나무 **3** 참긴더듬이잎벌레 성충

게 바르거나 마취목액을 뿌리자. 천적은 개미, 쌍살벌, 사마귀, 거미, 개구리, 새 등이다.

마취목액 만드는 법 물 1.8 L에 마취목 잎(꽃까지 넣으면 더 좋음)을 한 움큼 넣어 5분 정도 끓인다. 식으면 가루비누 10 g을 넣어서 녹인 다음 천으로 거른다. 여기에 마늘 참기름액(208쪽)을 추가하면 효과가 더 강력해져 참긴더듬이잎벌레 성충에게까지 효과를 발휘한다.

황매화

장미과 낙엽관목
- 가지치기 시기 11월~이듬해 2월(가볍게), 6~7월
- 꽃 4~5월 ● 병충해 거의 없음 / 가끔 흰띠거품벌레
- 반음지에서도 생육 가능하나 양지를 좋아한다.

홑꽃이 피는 품종과 겹꽃이 피는 품종(우리나라에서는 꽃잎이 겹꽃인 황매화를 '겹황매화' 또는 '죽단화'라고 부른다)이 있으며 잎에 얼룩이 있는 무늬황매화도 있다. 서양식 정원에는 무늬황매화와 경황매화가 많이 쓰인다.

황매화는 방치하면 크게 자란다. 그러니 심기 전에 어느 정도 공간을 확보하는 것이 좋다.

한편 흰 꽃이 피는 것은 '병아리꽃나무'로, 수종이 전혀 다르다. 꽃잎이 5장이고 잎이 어긋나 있으며 양지를 좋아하는 황매화와 달리, 병아리꽃나무는 꽃잎이 4장이고 잎이 마주나 있으며 양지와 반음지를 좋아한다.

가지치기 방법 11월부터 이듬해 2월 사이에 마른 가지(갈색으로 변하므로 쉽게 알 수 있음), 빽빽하게 난 잔가지, 웃자란 가지를 지면에서 솎아 낸다. 다른 부분도 가늘고 짧은 가지만 남기고 정리해서 부드러운 느낌을 낸다. 단, 꽃이 피기 전이므로 가벼운 가지치기로 끝나야 한다. 과감하게 잘라 크기를 줄이고 싶다면 꽃이 진 후인 6~7월을 기다리자.

가끔 공원에 갔다가 깎아 다듬기한 황매화를 보게 되는데, 하나

1 겹꽃
2 병아리꽃나무. 황매화와는 수종이 다르다.
3 황매화 열매. 그대로 두면 씨앗이 땅에 떨어져 계속 증식하므로 최대한 따서 없애자.

같이 우둘투둘하고 딱딱한 느낌으로 되어 있다. 아무래도 깎아 다듬기는 피하는 것이 좋겠다.

묵은 나무는 4년에 한 번쯤 삭벌 갱신(모든 가지를 짧게 잘라 새로운 가지가 나오도록 하여 나무 모양을 새로 만드는 것)한다. 즉 꽃이 진 5월 중순 이후에 지면에서 15 cm 정도만 남기고 전부 잘라내는 것이다.

1 가지치기 전. 크기를 유지하고 싶다면 해마다 지면에서 가지를 솎는다. 반대로 크기를 줄이고 싶다면 **2**와 같이 4년에 한 번쯤 지면에서 15 cm만 남기고 자른다. **2** 가지치기 후 **3** 가지치기 전의 겹황매화. 이렇게 공간이 넉넉할 경우 지면에서 가지를 솎은 다음, 남길 가지를 선택하여 대체 자르기한다.

남천

매자나뭇과 상록관목

- 가지치기 시기 아무 때나
- 꽃 6월 ● 열매 11월~이듬해 1월
- 병충해 깍지벌레, 모자이크병

남천을 한자로 쓰면 '南天'인데, 일본에서는 어려움을 뒤집는다는 뜻의 '難転'과 발음이 같아서 옛날부터 길한 나무로 여겨지며 정원수로 많이 활용되었다. 베개 밑에 남천 잎을 깔아 두면 악몽을 꾸지 않는다는 말도 있다.

겨울에 원추형 송이를 이루어 열리는 붉고 둥근 열매는 삭막한 풍경 속에서 단연코 눈에 띈다. 이 열매는 새들이 가장 좋아하는 먹이이기도 하다. 직박구리, 딱새, 개똥지빠귀 등이 먹으러 올 수 있으므로, 설날 장식이나 꽃꽂이에 쓰고 싶다면 미리 그물 등으로 열매를 덮어 보호하는 것이 좋다.

붉은 잎이 아름다운 소스랑남천을 무리지어 심는 사람도 있다.

1 소스랑남천. 크게 자라지 않아 관리하기 편하고, 사계절 내내 잎이 빨간색이므로 정원의 포인트가 되어 준다. 단, 열매는 거의 없다. **2** 가지치기 전. 가지가 빽빽해졌으므로 지면에서 과감히 솎는다.

이 품종은 높이가 약 50 cm밖에 되지 않아 좁은 정원이나 집합주택의 입구를 장식하는 용도로 자주 사용된다. 단, 소스랑남천은 꽃도 열매도 거의 없다.

가치치기 방법 초여름이 되면 웃자란 묵은 가지와 움돋이를 지면에서 과감히 솎아 낸다. 그러나 여름 전에 생장점(식물의 줄기와 뿌리의 끝에서 세포의 증식, 기관 형성과 같이 두드러진 형성 활동을 하는 부분)을 잘라 버리면 꽃도 열매도 볼 수 없으므로 좀 더 키우고 싶은 나무라면 가지 끝부분을 남겨 두자.

단, 올해 열매를 맺은 가지는 이듬해에 꽃을 피우지 않으니 잘라내서 꽃꽂이에 써도 된다.

병충해 가지와 잎이 너무 빽빽해지면 깍지벌레가 생기기 쉽다. 특히 부드러운 크림을 뒤집어쓴 듯한 이세리아깍지벌레가 자주 발생한다. 천적인 베달리아무당벌레는 야생에서 거의 찾아볼 수 없으니 이세리아깍지벌레가 생기면 장갑을 끼고 손으로 잡아 죽이는 수밖에 없다.

잎이 극단적으로 가늘어졌다면 모자이크병을 의심해 보자.

1 꽃봉오리와 꽃
2 모자이크병
3 이세리아깍지벌레
4 베달리아무당벌레. 이세리아깍지벌레를 잡아먹는다.

가는잎 조팝나무

장미과 낙엽관목
- 가지치기 시기 4~5월　● 꽃 3~4월
- 병충해 깍지벌레
- 양지를 좋아한다.

꽃이 핀 조팝나무는 마치 눈 쌓인 버드나무처럼 아름답다. 그러나 그대로 방치하면 가지가 무럭무럭 자라서 크고 무거운 느낌으로 변한다. 나무의 기운이 너무 강하면 정원 이곳저곳에 세력을 뻗치기도 하므로 이를 방지하려면 해마다 뿌리 주변을 삽으로 파서 뿌리를 끊어야 한다(단근, 뿌리끊기 또는 뿌리자르기라고 하며, 이식한 나무의 뿌리를 끊어 줄기 생장을 억제하고 잔뿌리 발달을 촉진하여 활착률을 높이는 방법이다. 수세가 강한 나무에서 적절히 실시하면 생장을 억제하고 결실을 안정시키는 효과가 있다).

가지치기 방법　꽃이 진 후인 4~5월에 강전정을 할 수 있다. 즉 지면에서 10 cm 정도만 남기고 전부 잘라 새 가지를 내는 것이다. 그러면 잔가지가 빽빽하게 나지 않고 보기 좋게 구부러진 가지가 나서 아름다운 꽃을 피운다.

1 가지치기 전　**2** 이렇게 깎아 다듬으면 꽃이 줄어들어서 조팝나무의 매력이 사라진다.　**3** 가지치기 후　**4, 5** 버드나무처럼 늘어진 가지에 꽃이 핀다.

꽃이 진 후에도 잎을 즐기고 싶다면 가지를 다 쳐내지 말고 웃자란 가지 중 억센 것부터 지면에서 차례차례 솎아 내자.

병충해 해가 잘 들지 않는 곳이나 관목이 빽빽하게 들어찬 곳에서는 공깍지벌레가 생기기 쉽다. 공깍지벌레의 천적은 애홍점박이무당벌레(사진은 133쪽)다.

금사도와 금사매 -망종화

금사도: 물레나물과 반상록성 관목　　금사매: 물레나물과 반낙엽성 관목

- 가지치기 시기 7월　● 꽃 금사도는 5~6월, 금사매는 6~7월
- 병충해 거의 없음
- 금사도는 반음지를, 금사매는 양지를 좋아한다.

두 나무 모두 부드러운 녹색 잎과 노란색 꽃의 아름다운 대비를 보여준다. 금사도의 꽃은 수술이 길어서 복슬복슬한 느낌이 드는 반면, 금사매의 꽃은 수술이 길지 않고 모양도 전체적으로 둥글다.

요즘 많이 시판되는 품종은 작게 관리하기 쉽고 열매가 아름다운 히드코트금사매다. 꽃은 금사도 꽃과 비슷하지만 금사도는 원

1 가지치기 전의 금사매　**2** 금사매 꽃　**3** 금사도 꽃　**4** 히드코트. 금사도와 비슷한 꽃을 피우며 아름다운 열매를 맺는다.

산지가 중국이고 히드코트는 서양금사매의 자손이라서 서로 종이 다르다.

금사도는 반음지에서 잘 자란다. 반면 금사매는 양지를 좋아하고 그늘에서는 꽃을 잘 피우지 않는다.

가지치기 방법 둘 다 자연스럽게 둥그스름한 모양으로 자라므로 가지치기를 하지 않아도 된다. 그러나 무거운 느낌이 든다면 지면에서 가지를 솎거나 중간의 무거운 가지를 솎아 주면 된다.

공조팝나무

장미과 낙엽관목
- 가지치기 시기 1월, 6~7월
- 꽃 4~5월
- 병충해 진딧물, 깍지벌레, 흰가루병
- 양지와 반음지를 좋아한다.

설구화와 비슷하지만 인동과인 설구화와는 달리 장미과에 속한 나무다(40쪽 참조). 꽃꽂이용으로도 자주 쓰인다.

가지치기 방법 1월에 얽힌 부분을 정리하고, 꽃이 진 후인 6~7월에 웃자란 가지와 묵은 가지를 과감하게 솎아 낸다.

병충해 요즘 공깍지벌레가 대량으로 발생하고 있다. 천적은 애홍점박이무당벌레, 홍점박이무당벌레(사진은 133쪽)다.

1 가지치기 전 **2** 묵은 가지를 솎는다. **3** 솎아 낸 가지 **4** 가지치기 후

싸리나무

콩과 낙엽관목
- 가지치기 시기 12월~이듬해 2월
- 꽃 7~9월 ● 병충해 깍지벌레, 진딧물
- 양지와 반음지를 좋아한다.

일본에서 가을의 일곱 가지 풀(싸리, 억새, 칡, 패랭이꽃, 마타리, 등골나물, 도라지)로 손꼽히며 옛날부터 사랑받았던 멋진 나무로, 돌담 위의 높은 정원에 심겨 돌담 위로 늘어진 모습이 매우 아름답다. 자라면 상당히 넓게 퍼지니 넓은 공간에 심어 다른 식물과 부딪치지 않도록 해야 고유한 매력을 살릴 수 있다. 단, 방치하면 줄기가 점점 굵어져 정원에서 장애물 취급을 받게 되니 주의하자.

가지치기 방법 12월에서 이듬해 2월 사이에 지면에서 5 cm만 남기고 전부 자르면 가지를 전부 갱신하고 높이를 낮출 수 있다.

병충해 무성해져 통풍이 나빠지면 이세리아깍지벌레가 생기기 쉽다.

1 꽃(사진: 가가와 준(香川淳) 제공) **2** 싸리에 붙어 있던 우담화(풀잠자리 알) **3** 이세리아깍지벌레 **4** 흰싸리

깎아 다듬기, 가지 솎기가 필요한 나무

기본적으로 깎아 다듬기로 모양을 만들지만, 깎아 다듬기만 하면 아무래도 가지가 위쪽으로 밀집되어 나무가 무거워 보이게 된다. 또 깎아 다듬기만 하고 방치하면 나무의 아래쪽 가지가 마르거나 병충해가 발생하기 쉽다. 그러므로 위쪽을 더 과감하게 솎아서 가지 수를 줄이고 통풍과 일조를 개선하는 것이 좋다. 나머지 부분도 필요에 따라 가지 솎기를 하자. 가지 솎기에는 대체 자르기도 포함되지만, 일단은 가지 수를 줄이는 것이 우선이다.

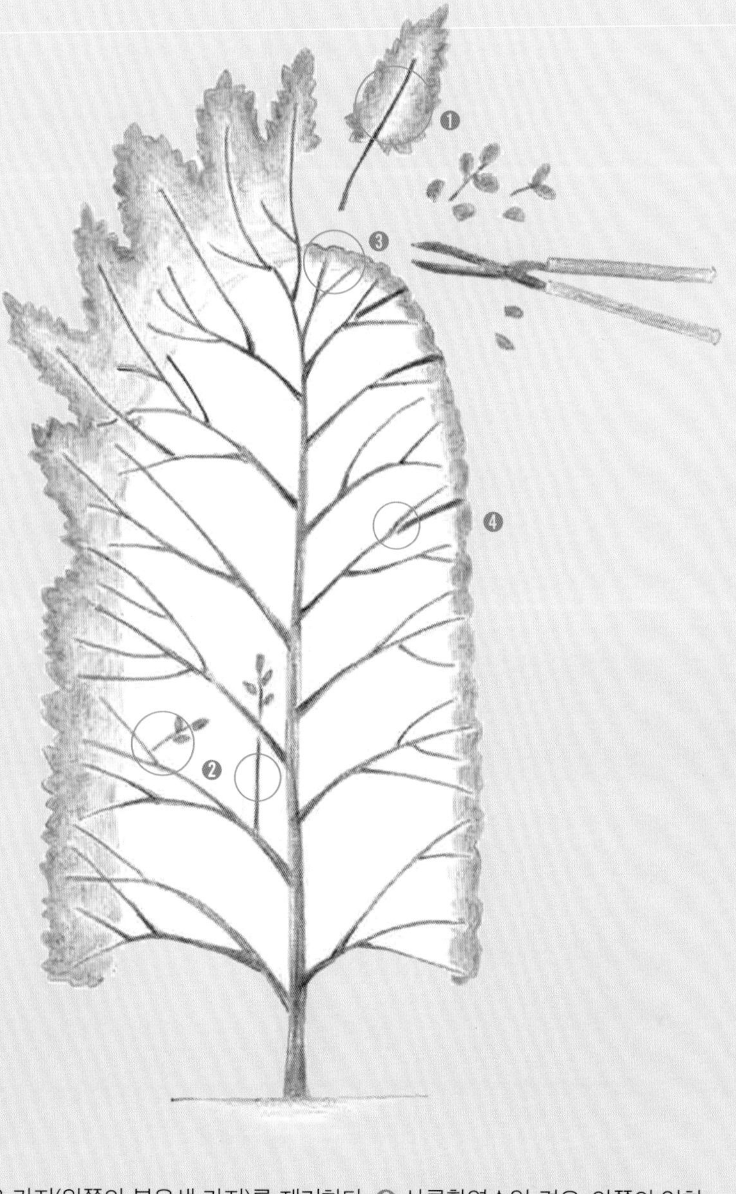

❶ 우선 굵은 가지(위쪽의 붉은색 가지)를 제거한다. ❷ 상록활엽수일 경우, 안쪽의 얽힌 가지와 선 가지를 제거하여 통풍을 개선한다. ❸ 윗부분은 잎이 아슬아슬하게 남을 정도로 강전정하여 깎는다. ❹ 표면에 굵은 가지의 절단면이 튀어나오면(오른쪽 빨간색 가지) 더 안쪽을 잘라 보이지 않도록 한다.

깎아 다듬을 때는 밑에서 위로 깎아야 모양을 내기 쉽다. 나무의 아랫부분에 잎이 적으면 가지가 마르기 쉬우므로 밑으로 갈수록 약하게 쳐서 잎을 최대한 많이 남긴다.

동백과 산다화

동백: 차나뭇과 상록교목　　산다화: 차나뭇과 상록소교목

- 가지치기 시기 동백은 꽃이 진 후 1~2개월 내, 산다화는 3~4월
- 꽃 꽃 피는 시기는 품종별로 다름
- 병충해 차독나방, 진딧물, 매미류, 주머니나방, 떡병, 탄저병, 갈색점무늬병

겨울에서 봄 사이에 화려하고 아름다운 꽃을 피우므로 상록수 중에서도 정원수로 많이 활용된다. 다만 동백 중에서도 애기동백은 나무 모양이 옆으로 낮게 퍼지므로 피복 식물로 종종 쓰인다.

둘 다 품종이 다양한 데다 동백과 산다화를 교배한 것도 있으므로 둘을 눈으로 보아 구분하기는 어렵다. 품종마다 꽃 피는 시기도 제각각이다. 다만 산다화는 주로 늦가을에서 초겨울 사이에 꽃을 피우고 겨울동백은 대개 겨울에 꽃을 피운다. 굳이 구분한다면 꽃이 통째로 똑 떨어지는 것이 동백, 꽃잎이 뿔뿔이 흩어져 떨어지는 것이 산다화다(가끔 흩어져 떨어지는 동백도 있음).

꽃이 피면 동박새나 직박구리가 꿀을 먹으러 자주 찾아온다.

1 가지치기 전의 동백　**2** 가지치기 후의 동백

가지치기 방법 웃자란 억센 가지를 더듬어 분기점에서 자르며 전체 균형을 맞추고, 지난해의 크기로 되돌린다. 모양을 다듬을 때는 튀어나온 가지를 아무 데서나 자르지 말고 바깥쪽으로 난 잎 바로 위에서 잘라야 마구 자른 것처럼 보이지 않는다. 가지가 평행하게 겹쳐 있어서 답답해 보인다면 둘 중 하나를 솎아 시원하게 만든다. 가지가 빽빽하게 나 있으면 차독나방이 발생해도 알아채기 어려우므로 피해가 커질 수 있다. 가지를 듬성듬성하게 만들어야 겨울에 차독나방의 알 덩어리를 찾아서 제거하기 쉽다. 시간이 없다면 일단 양손 가위로 바깥쪽 모양을 깎아 다듬자. 그런 다음 안쪽의 얽힌 가지와 거꾸로 난 가지를 제거하면 된다.

꽃봉오리는 2년차 가지에 달리므로 햇가지를 전부 잘라 버리면 이듬해에 꽃을 볼 수 없다. 새순이 트지 않는 10월경부터 3월 말 사이에는 나무가 약해질 수 있으니 강전정을 피한다. 동백과 산다화뿐만 아니라 모든 상록수가 추운 계절에 강전정을 하면 말라 버릴 수 있다.

동백에도 때때로 열매가 맺힌다. 그 열매를 그대로 두면 나무가 약해지므로 최대한 따서 제거하는 것이 좋다.

1 바깥쪽만 깎아 다듬은 동백. 모양은 단정해졌지만 가지와 잎이 너무 빽빽해서 병충해의 온상이 되기 쉽다.
2 일본에서 특히 사랑받는 야생동백
3 흰 동백도 다도회의 장식 꽃으로 인기가 많다.
4 사과를 닮은 동백 열매

차독나방 동백과 산다화에는 특히 차독나방이 발생하기 쉽다. 차독나방은 사람의 피부에 직접 닿지 않아도 독침 털을 쏘아 가려움과 염증을 일으키므로 유충이 출현하는 4~6월, 8~9월경에는 각별히 주의해야 한다. 그래서 요즘은 공공녹지에서든 주택지의 개인 정원에서든 동백과 산다화를 새로 심지 않고, 있는 것도 뽑아 버리려는 경향이 있다. 예로부터 다도회의 장식 꽃으로 귀하게 쓰였을 뿐만 아니라 동백기름의 재료로서 미용과 식용으로 폭넓게 애용되

1 떡병에 걸린 동백 잎. 희게 부풀어 오른 부분만 제거한다. **2** 기생벌에게 당한 진딧물. 미라가 되었다. **3** 진딧물은 새순을 좋아한다. 특히 진액을 빨아먹기 좋은 곳이 생장점이다. **4** 약해져서 잎이 노르스름해진 동백. 토질이 나빠서인지, 뿌리가 부실해서인지, 아니면 몇 년째 이어진 여름의 무더위 탓인지 원인을 파악하기가 어렵다. **5** 동백의 갈색점무늬병. 대량으로 나타나지 않았다면 특별히 신경 쓰지 않아도 된다. 갈색 얼룩이 나타난 부분만 제거한다. **6** 동백에 붙어 있었던 주머니나방의 유충. 흔히 '도롱이벌레'로 불린다. 상상 이상으로 식욕이 왕성해서 동백을 대머리로 만들기도 한다. **7** 차독나방의 알 덩어리. 양털로 싸인 듯한 모습이다. **8** 알 덩어리 속에 알이 꽉 들어차 있다. 이 알에 기생하는 '알벌'이라는 곤충도 있다.

었던 동백이 이런 취급을 받다니 안타까운 일이다.

만약 벌레가 다 갉아먹어 잎이 거의 없어졌다면 그 나무가 전부터 매우 약해져 있었다는 뜻이다. 건강한 동백은 대머리가 될 정도로 식해를 당하지 않는다. 오히려 차독나방의 1령 유충이 잎을 갉아먹기 시작하면 SOS 물질을 내뿜어 기생벌을 끌어들인다. 그리고 앞마당의 동백이 대머리가 되었다 해도 이듬해 봄에 새순이 날 때까지는 정말로 말라 죽었는지 알 수 없으니 조금 기다려 보자.

1 차독나방에 의해 대머리가 된 동백. 이듬해에 새순이 돋아나긴 했지만 잎이 줄어들고 시들시들해졌다. **2** 배설물이 묻은 잎 바로 위쪽 잎 뒷면에 차독나방이 붙어 있을 가능성이 높다. **3** 차독나방의 1령 유충. 농약이나 화학비료 때문에 뿌리가 약해져 있지 않다면 나무가 스스로 SOS 물질을 내뿜어 기생벌을 끌어들일 것이다. **4** 차독나방 성충. 차독나방은 알, 성충, 시체까지도 피부에 닿으면 가려움증을 일으키므로 조심해야 한다. **5** 차독나방 유충이 알 수 없는 바이러스에 감염되어 죽어 있다. **6** 의문의 죽음을 당한 차독나방 유충. 뒷면의 흰 주머니와 관계가 있을까? 거미의 알주머니 같기도 하다. **7** 차독나방에 기생하는 기생벌의 성충. 아주 작아서 사람의 눈에는 거의 띄지 않는다. **8** 흰 쌀알처럼 보이는 것이 차독나방 유충에 기생하는 고치벌의 고치다.

잎이 나오는 4월 하순경부터 나무를 매일 꼼꼼히 살펴보고 차독나방 유충이 있는 잎을 제거하자. 수고스럽더라도 이렇게 3~4년쯤 농약을 쓰지 않고 손으로 없애다 보면 나무가 점점 건강을 회복할 것이다. 게다가 고치벌이라는 기생벌이 차독나방 유충에 기생하기 시작하면 상황은 금세 좋아지기 마련이다.

거의 해마다 차독나방이 발생한다면 땅에 질소가 너무 많기 때문일지도 모른다. 그러니 별 생각 없이 퇴비를 주지 않도록 하자.

동백의 종류 동백의 품종은 홑꽃과 겹꽃 등 200종이 넘는다고 한다. 일본에서는 토종인 야생동백, 오므린 입을 닮은 작은 홑꽃이 피는 타조동백와비스케동백(우리나라에는 타조佗助 중에서도 주신타조湊晨佗助 품종이 많이 유통된다) 등이 인기가 높다. 겹꽃 종류로

1 산다화 **2** 서양 동백인 '핑크 달리아' **3** 금어엽동백 **4** 암근교(이와네시보리)동백 **5** 붉은겹꽃동백 **6** 을녀동백 **7** 태랑관자(다로카자)동백 **8** 흰꽃동백 **9** 홍당자(베니카라코)동백

금어엽동백의 잎. 잎 끝이 갈라져 있어서 마치 금붕어 꼬리처럼 보인다.

는 장미처럼 큰 꽃을 피우는 것, 얼룩진 꽃을 피우는 것 등이 있다. 작은 겹꽃 종류 중에는 작고 사랑스러운 꽃을 피우는 을녀동백오토메동백이 인기를 끈다.

변종으로는 새빨간 열매를 맺는 능금동백야쿠시마동백, 잎이 금붕어 꼬리처럼 생긴 금붕어잎동백금어엽동백이 있다.

문 가리개 산다화 이 사진처럼 산다화가 문 가리개로 쓰이는 경우는 흔하지 않다. 문 앞에 소나무나 나한송 등이 있는 장면은 종종 보았지만 산다화가 있는 경우는 거의 보지 못했다. 지금은 돌아가신 주인 분이 정원을 매우 아껴서 수목 손질도 직접 했다고 한다. 오랜 세월에 걸쳐 가지를 유도해 가며 줄기가 이처럼 아름다운 포물선을 그리도록 만들었다고 생각하니 감동적이다.

보통 이런 나무는 양손 가위로 손질하지만 의뢰인의 사정 때문에 언제나 꽃이 피는 시기에 가지치기를 하기 때문에 가지치기 가위만으로 꼼꼼히 자르며 꽃봉오리를 남겨야 한다.

뒤쪽이 가볍게 비쳐 보일 정도로 안쪽 가지를 솎아 내고, 표면도 균등하게 잘라 성글게 만들어서 일조와 통풍을 돕는다. 이때 중요한 점은 가지 중간을 자르지 않는 것이다. 가지 중간을 자르면 전체 모양이 우둘투둘해지기 때문이다.

이렇게 꼼꼼하게 관리하자 차독나방이 줄어들고 기생벌도 생겨서 심한 식해를 피할 수 있었다. 그리고 이 과정을 5년쯤 지속했더니 결국 차독나방도 사라졌다. 역시 가지치기가 중요하다는 사실을 깨달았다.

문 가리개로 거의 쓰이지 않는 산다화의 가지치기 후 모습. 앞으로 꽃을 더 많이 보기 위해 꽃봉오리를 최대한 남겼다.

금목서

물푸레나뭇과 상록소교목
● 가치지기 시기 꽃이 진 후 3월까지 ● 꽃 9월 말~10월 초순
● 병충해 병충해에 강함 / 가끔 무당잎벌레, 깍지벌레
● 반음지를 좋아하며 진한 향기를 풍긴다.

금목서는 일본의 정원에 매우 친숙한 나무로, 이 나무가 가을바람과 함께 달콤한 향기를 풍길 때면 본격적인 가을을 느낀다는 사람이 많다. 병충해에 강하고 모양을 다듬기 쉬워 가리개로 쓰기에도 편리하므로 정원에 많이 심는다. 간혹 꽃으로 술을 담그는 사람도 있다.

양지와 음지에서 다 생육할 수 있지만 건조한 곳에서는 약해진다. 또 완전한 양지에서는 가지에 잔가지나 잎이 띄엄띄엄 나며 꽃이 피지 않는다. 가장 적합한 곳은 반음지이다.

일본에는 흰 꽃이 피는 은목서, 노르스름한 꽃이 피는 박황목서

1 가지치기 전. 뒤쪽의 큰 나무가 금목서다. 깎아 다듬기를 계속하면 표면에 선 가지나 굵은 가지의 절단면이 튀어나오므로 가지 솎기로 마무리한다. 나무 모양을 유지하기 위해 강전정하여 깎아도 되지만 북쪽으로 난 가지나 아래쪽의 가지는 너무 많이 깎지 않도록 주의한다. **2** 가지치기 후

1 금목서 꽃(사진: 가가와 준 제공)
2 박황목서 열매
3 개미와 깍지벌레
4 무당잎벌레 성충. 금목서에도 출현하여 잎을 갉아먹는다(사진은 금목서의 잎이 아님).

도 있다. 참고로 일본의 금목서는 전부 수나무라서 열매가 없다고 한다. 가끔 열매가 열리는 것은 아마 은목서나 박황목서일 것이다.

가지치기 방법 먼저 양손 가위로 모양을 과감하게 다듬는다. 이때 아래쪽보다 위쪽을 강전정하여 깎아야 한다. 그런 다음 안쪽의 얽힌 가지를 정리한다. 뒤쪽 풍경이 비쳐 보일 정도로 성글게 만들면 무게감도 덜 수 있고 통풍과 일조도 개선된다. 꽤 큰 가지치기도 견딜 수 있으니 너무 커졌다면 과감히 삭벌하여 가지를 갱신해도 된다.

단, 강전정은 겨울 전에 마무리한다. 추울 때 짧게 자르면 대머리로 추위를 견디느라 말라 버릴 수 있기 때문이다. 또 4월 이후에 깎아 다듬기를 하면 꽃눈이 잘려서 가을에 꽃이 피지 않는다. 그러므로 아무리 늦어도 꽃이 진 뒤 3월 말까지는 가지치기를 마쳐야 한다.

병충해 구골목서 잎을 주로 먹는 무당잎벌레의 유충과 성충이 나타날 수 있다. 다행히 지금은 심각한 피해가 없다.

참나무류

참나뭇과 낙엽교목
- 가지치기 시기 6~7월, 10~12월
- 꽃 4~5월 ● 열매 11월
- 병충해 진딧물, 청동풍뎅이, 흰가루병, 갈색점박이병

참나무류 중 신갈나무, 떡갈나무, 갈참나무, 졸참나무, 상수리나무 등이 한국에서 가장 흔한 나무다. 유럽 사람들이 매우 좋아하는 수종이나 키가 너무 커 우리나라 정원에는 적합하지 않다.

가지치기 방법 여름 전에 강전정하는 경우가 많지만, 여름에 무성하게 자라도록 내버려 두어야 증산 작용과 나무 그늘 덕분에 주변이 시원해진다. 그러므로 여름에는 웃자란 가지만 제거하고 가을 이후에 가지 솎기를 하자.

지역에 따라서는 바람막이로도 쓰인다. 생울타리라면 깎아 다듬는다. 흰가루병이 잘 생기니 겹친 가지를 솎아서 원활한 통풍을 유지해야 한다.

1 청동풍뎅이가 갉아먹은 종가시나무 잎 **2** 청동풍뎅이 **3** 참나무에 자주 출현하는 밤나무왕진딧물 **4** 직박구리의 둥지. 7월 하순경 가시나무의 지상 약 1.5 m 지점에 지어졌다. 바깥쪽에는 비닐 끈이 많이 쓰였지만 알을 낳는 안쪽은 자연 재료로만 이루어져 있다(주로 종려 줄기). 알을 3개 낳고는 더운 날에도 끈질기게 품는 모습을 볼 수 있었다.

1 가지치기 전의 종가시나무. 가지 끝에 빽빽하게 난 잔가지를 솎아서 통풍을 개선한다. 몸통가지가 많이 났다면 나무가 약해져 있을 가능성이 있으니 잎을 최대한 많이 남기고 상태를 지켜본다. **2** 가지치기 후의 종가시나무 **3** 가지치기 전의 구실잣밤나무 **4** 가지치기 후의 구실잣밤나무 **5** 가지치기 전의 가시나무 **6** 가지치기 후의 가시나무 **7** 졸가시나무 생울타리 **8** 졸가시나무는 5장의 잎이 바큇살 모양으로 나며 흰가루병이나 갈색점박이병에 걸리기 쉽다.

초령목
–함소화

목련과 상록교목
● 가지치기 시기 6~7월, 꽃을 보고 싶다면 2~3월
● 꽃 4~6월 ● 병충해 거의 없음 / 가끔 깍지벌레
● 반음지를 좋아하며 향기를 풍긴다.

꽃에서 달콤한 바나나 냄새가 나 '바나나트리'라고도 불리며, 가을에는 붉은 열매를 맺는다. 재래종도 있지만 최근에는 외래종인 촛대초령목(피고초령목)이 정원수로 많이 쓰인다.

성장이 비교적 느리고, 추위에 약하여 제주도 지역이 아니면 주로 실내에서 화분에 키운다. 반음지를 좋아한다.

가지치기 방법 꽃이 진 뒤 6~7월경에 가지치기를 해서 통풍을 개선하면 병충해가 거의 생기지 않는다. 여름이 지나면 금세 꽃눈이 나오므로 가지치기할 수 있는 기간이 짧다.

억세게 웃자란 가지에는 꽃눈이 맺히지 않으니 3~6개의 눈만 남기고 짧게 자른다. 꽃을 확실히 피우고 싶다면 눈으로 꽃눈을 확인할 수 있는 2~3월에 웃자란 가지를 중심으로 비교적 가벼운 가지치기를 한다.

1 가지치기 전
2 가지치기 후
3 촛대초령목의 꽃. 바나나트리라는 별명에 걸맞게 달콤한 향기가 난다.

피라칸타
-피라칸사스

장미과 상록관목
- 가지치기 시기 6월 하순~9월
- 꽃 5~6월 ● 열매 10월~이듬해 2월
- 병충해 깍지벌레, 진딧물, 큰날개매미충류, 잎말이나방, 먹무늬재주나방
- 직박구리가 열매를 좋아한다.

여름에는 흰 꽃을 피우고 겨울에는 아름다운 붉은 열매를 맺는다. 겨울의 열매가 없었다면 이 가시투성이 나무를 심으려는 사람이 별로 없었을 것이다. 가시의 위력은 어마어마해서 강력한 것은 일본 버선 모양의 작업화인 지카다비나 신발 바닥까지 뚫어 버린다. 나 역시 피라칸타의 가시 때문에 옷이 찢어지거나 구멍이 난 적도 있고 상처를 입어 피를 보기도 했다.

열매는 직박구리가 좋아하는 먹이다. 덜 익었을 때는 새가 못

1 가지치기 전 **2** 가지치기 후. 빽빽해지지 않았으므로 가지 솎기를 했다. **3** 폭발적으로 성장한 피라칸타

1 먹무늬재주나방의 1령 유충은 몸이 연갈색이며 장미과 식물을 좋아한다. **2** 먹무늬재주나방의 종령 유충. 샤치호코(몸은 물고기, 머리는 호랑이인 상상의 동물로, 꼬리는 항상 하늘을 향해 구부러져 있으며 배와 등에는 날카로운 돌기가 있다)처럼 꼬리를 하늘로 쳐드는 습성이 있다. 털이 길지만 독은 없다. **3** 먹무늬재주나방 성충 **4** 큰날개매미충 유충. 다양한 식물에 발생하나 독은 없다. **5** 알을 낳는 큰날개매미충 성충 **6** 큰날개매미충의 알주머니 **7** 병원성 곰팡이에 감염되어 죽은 큰날개매미충의 유충 **8** 큰날개매미충 유충의 천적인 밑들이 **9** 피라칸타의 가시 끝에 붙은 우담화(풀잠자리 알). 여기서 부화한 유충이 진딧물을 열심히 먹어치울 것이다.

먹는 듯하지만 1월에서 2월 사이에 직박구리가 열매를 쪼아 먹는 모습을 자주 볼 수 있다. 물까치, 개똥지빠귀, 딱새 등도 이 열매를 좋아하는 것 같다. 열매에는 독성이 있지만 시간이 지나면 독성이 줄어든다. 해가 지나도록 열매가 남아 있는 것은 독성이 아직 남아 있어서 새가 먹지 않았기 때문이라고 한다. 노란 열매가 열리는 피라칸타는 '노랑피라칸타'라고 부른다.

가지치기 방법 굵은 가지를 자르면 가지가 사방팔방으로 나는 데다 빨리 자란다. 그래서 웃자란 가지가 나오자마자 잘라야 하니 1년에 2~3회 가지치기를 하게 된다.

작을 때부터 깎아 다듬기로 모양을 만들어 나가자. 꽃눈은 지난해에 나온 짧은 가지에 달리므로 자르지 않도록 조심하면서 가볍게 깎는다. 특히 웃자란 가지를 신경 써야 한다. 웃자란 가지가 굵어지기 전에 제거하는 것이 핵심이다. 만약 방치하여 드센 가지가 한 번 튀어나오면 그것을 자르더라도 해마다 절단면에서 새 가지가 나와서 웃자라게 될 것이다. 경험상 가지 솎기로 관리하기에는 부적합한 나무인 듯하다.

작업할 때는 가시에 찔릴 위험이 있으니 반드시 두꺼운 가죽장갑을 끼고 긴 바지를 입자.

병충해 병충해가 거의 없다고 하지만, 실제로는 곤충이 아주 좋아하는 장미과인 만큼 의외로 다양한 곤충이 서식한다. 큰날개매미충과 먹무늬재주나방 유충이 잎을 갉아먹는 것을 실제로 목격한 적도 있다.

그런가 하면 다양한 나무를 해치는 큰날개매미충이 꽃사과나무에서 밑들이에게 빨아 먹히는 장면도 목격했다. 피라칸타에 발생한 수많은 큰날개매미충이 곤충에 기생하는 엔토모파가Entomophaga(병원성 곰팡이)에게 몰살당한 것도 보았다. 잎말이나방 유충도 피라칸타 잎을 갉아 먹는다.

감탕나무

감탕나뭇과 상록소교목

● 가지치기 시기 6~7월, 11~12월 ● 꽃 4월 ● 열매 11월

● 병충해 잎말이나방, 깍지벌레, 진딧물, 몸큰가지나방, 그을음병

● 양지와 음지에 잘 적응한다.

감탕나무는 비교적 오래된 정원에 층층형(172쪽)으로 다듬어져 있을 때가 많다. 그러나 자연스러운 정원에는 깔끔한 층층형이 오히려 어울리지 않으므로 전체적으로 한 덩어리가 되도록 다듬는 것이 좋다. 우리나라에서는 전남과 경남, 해안가에서 자란다.

가지치기 방법 깎아 다듬기만 하는 사람이 많으나 다 깎은 후에 거꾸로 난 가지와 선 가지를 밑동에서 잘라 제거하고 빽빽한 부분의 가지를 솎아 통풍을 개선하며 전체 균형을 맞추는 것이 좋다.

1 가지치기 전 **2** 가지치기 후 **3** 루비깍지벌레

그러면 통풍과 일조가 개선되어 병충해가 줄어들 것이다.

병충해 사진 속의 나무는 루비깍지벌레에게 심하게 당한 상태였다. 그래서 나무에 붙은 벌레를 꼼꼼히 훑어서 제거하고, 벌레가 뱉은 감로에 곰팡이가 스는 바람에 그을음병이 생긴 잎을 식초물(73쪽)로 하나하나 닦아 주었더니 건강을 되찾았다. 그리고 가지치기를 하여 일조와 통풍을 개선했더니 다시는 피해를 당하지 않았다.

대형 자벌레인 몸큰가지나방 유충 역시 감탕나무 잎을 갉아 먹는다(사진은 91쪽).

column 정원사를 울리는 '출창'

이렇게 좁은 통로에 출창이 있으면 사다리를 옮기기도 힘들고 자른 가지를 자루에 담아 옮기기도 힘들다.

한때는 사진처럼 툭 튀어나온 '출창出窓'이 유행했다. 건폐율 계산에 포함되지 않는 경우가 많아서 집을 조금이라도 넓게 쓰고 싶은 사람들이 많이 도입했던 것이다. 하지만 이것은 정원사를 울리는 창이다. 매우 거치적거려서 접사다리를 옮기기도 힘들고 자른 가지를 자루에 담아 옮기기도 힘들다. 출창 밑에서 풀을 뽑거나 청소를 하던 중에 무심코 벌떡 일어났다가 머리를 부딪쳐 피를 보기도 했다. 아무튼 이 출창 때문에 일어난 소동이 셀 수 없이 많다. 분명 집을 지을 때는 정원사가 그곳으로 들락거리리라고는 생각하지 못했을 것이다. 좁은 대지에 나무를 심고 싶은 마음에서 이렇게 식재한 것인데 우리나라에서는 거의 볼 수 없다.

구골목서

나뭇과 상록관목
● 가지치기 시기 3~4월, 11월
● 꽃 10~11월 ● 병충해 무당잎벌레
● 반음지를 좋아한다. 구골나무와 목서의 잡종으로 알려져 있다.

구골목서는 암수딴그루이나 일본에 있는 것은 거의 수나무다. 구골나무처럼 잎의 가장자리가 톱니 모양이기 때문에 건드리면 따가워서 방범 목적의 생울타리로 종종 쓰인다.

5월경에서 가을 사이에 가지치기를 하면 꽃이 피지 않는다. 그러나 원래부터 꽃이 눈에 별로 띄지 않고 향기도 목서과 중에서 약한 편이므로 크게 신경 쓰지 않아도 될 듯하다.

가지치기 방법 먼저 양손 가위로 모양을 정돈한다. 그런 다음 빽빽한 곳과 안쪽의 가지를 솎아서 전체 균형을 맞추고 통풍을 개선한다. 위쪽은 강전정하고, 아래쪽으로 갈수록 가볍게 친다.

병충해 요즘 구골목서가 무당잎벌레 유충과 성충에게 호된 피해를 당하고 있다. 이렇게 식해를 당하면 미관이 매우 손상된다. 무당잎벌레 성충은 깍지벌레를 잡아먹는 애홍점박이무당벌레와 비슷

가지치기 전의 구골목서. 식해를 당하고 있다. 이럴 때는 되도록 가볍게 깎아 잎을 많이 남겨야 한다.

1 꽃(사진: 가가와 준 제공) **2** 식해를 입은 구골목서의 잎 **3** 무당잎벌레 성충. 배설물을 배출하며 왕성하게 먹고 있다.

해 보이지만 다가가면 벼룩처럼 폴짝 뛰기 때문에 쉽게 구분할 수 있다.

이 해충은 새순을 즐겨 먹으므로 초봄과 가을에 자라난 가지를 방치하지 않고 곧바로 가지치기하여 묵은 잎만 남기면 없앨 수 있다. 다만 이 방법을 쓰면 나무도 점점 약해질 수 있다. 더운 계절에 아예 가지치기를 하지 않는 것도 좋은 방법이다. 여름에 가지치기를 하면 새순이 돋아날 테니, 동면하는 겨울에 가지치기를 해서 새순이 나오지 못하게 하는 것이다.

무당잎벌레의 식해는 구골목서뿐만 아니라 구골나무에서도 심각하며 금목서나 광나무에서도 약간 나타나고 있다. 관찰 결과, 다른 나무에서는 식해가 심하지 않았으므로 원래는 반음지에 적합한 구골목서와 구골나무를 해가 잘 드는 곳에 생울타리로 심어서 약해진 탓에 병충해가 심해진 듯하다.

대책은 낙엽을 싹 치워서 무당잎벌레 성충이 낙엽 밑에서 겨울을 나지 못하게 만드는 것이다. 성충이 낙엽에 숨어 월동을 마치면 초봄에 교미하여 알을 낳기 때문이다. 거기서 부화한 유충이 잎 속에 숨어들어 잎을 갉아먹다가 땅으로 다시 내려가 번데기가 되는 것이다. 따라서 이 유충의 천적인 쌍살벌, 사마귀, 거미, 개구리, 새 등이 살기 좋은 정원을 만들어야 한다. 그러려면 더더욱 농약을 뿌리지 말아야 한다.

사철나무

노박덩굴과 상록관목

● 가지치기 시기 6~8월, 11월~이듬해 2월

● 꽃 6~7월 ● 열매 12월~이듬해 1월

● 병충해 노랑털알락나방, 버드나무얼룩가지나방, 흰가루병

4월경부터 새잎이 돋아나 신선하고 눈부신 초록색으로 변하는 나무다. 그늘에서도 잘 자라는 상록수라서 생울타리나 정원 경계를 구분하기 위해 심는다. 최근에는 정원 분위기를 환하게 만드는 금테사철이나 금사철 등 색이 밝은 품종이 많이 쓰인다. 열매를 맺을 때가 되면 열매를 먹으러 직박구리, 개똥지빠귀, 딱새가 찾아온다.

가지치기 방법 양손 가위로 모양을 다듬은 다음 빽빽한 곳을 가지 솎기해서 통풍을 개선한다.

병충해 흰가루병이 자주 발생하므로 가지 솎기로 통풍을 개선하

1 가지치기 전(금테사철). 우선 깎아 다듬기로 모양을 정돈한 다음, 흰가루병이 생기지 않게 빽빽한 가지를 솎아서 통풍을 개선하고 전체 균형을 맞춘다. **2** 가지치기 후(금테사철)

1 금사철
2 애홍점박이무당벌레. 보통은 깍지벌레를 주로 먹지만 이때는 흰가루병의 균을 열심히 먹고 있었다.
3 버드나무얼룩가지나방. 유충이 사철나무 잎을 갉아먹는다.
4 노랑털알락나방 유충. 이 유충은 사철나무 잎을 갉아먹는다.

는 것이 중요하다. 농약을 뿌리지 않은 나무라면 노랑무당벌레(사진은 99쪽)가 와서 흰가루병의 균을 먹어치울 것이다.

그리 크지 않은 나무라면 25~50배로 희석한 식초물을 천에 적셔 잎을 앞뒤로 닦아 주면 된다. 이 방법이 어렵다면 쇠뜨기 차(209쪽)를 뿌리는 방법도 있다. 음식찌꺼기로 콤포스트(일반폐기물이나 산업 폐기물 등을 짚이나 가축 배설물과 혼합하여 쌓아두고 자연 발효시킨 비료)를 만드는 사람은 콤포스트 차(209쪽)를 뿌려도 좋다.

홍가시나무

장미과 상록소교목

- 가지치기 시기 2월, 7월, 12월
- 꽃 5~6월
- 병충해 루리하늘소, 점무늬병

홍가시나무 중에서도 잎이 더 선명한 붉은색을 띠는 품종을 레드로빈이라고 한다. 이것은 홍가시나무의 교배종으로 새순이 새빨갛고 잎이 큼직하며, 기운이 좋고 맹아력이 강하여 잘 자란다. 홍가시나무와 레드로빈 모두 생울타리나 정원 경계에 자주 심는다.

홍가시나무와 레드로빈은 한 해에 두 번씩 새순이 빨갛게 물든다. 불그스름한 흰색의 작은 꽃이 봉긋하게 반원 모양의 송이를 이루지만 항상 깎아 다듬다 보니 피어 있는 모습을 보기가 어렵다.

가지치기 방법 단독으로 심기도 하나 주로 생울타리로 쓰인다. 단독이든 생울타리든 되도록 한 해에 두세 번(한여름 제외)은 가지

1 가지치기 전의 홍가시나무 생울타리
2 가지치기 후

치기를 해야 한다. 가지치기할 때는 먼저 깎아 다듬은 후 빽빽한 곳의 가지를 솎으면 된다.

특히 단독일 경우 표면만 깎으면 가지가 폭발적으로 나서 매우 무거워 보이게 된다. 그러니 꼭대기를 가지 솎기하여 무게감을 덜어서 통풍과 일조를 개선하는 것이 좋다. 방치하면 크게 자라니 주의하자.

병충해 최근에 점무늬병에 걸려 잎을 떨어뜨리는 나무가 많아졌다. 점무늬병은 균이 일으키는 병이므로 가까이 있는 나무에 전염될 위험성이 크다. 특히 생울타리일 경우 피해가 심각해지니 생울타리를 새로 만든다면 다른 나무를 선택하자.

가지에 붙어 있는 헝클어진 실 찌꺼기 같은 물질은 루리하늘소 유충의 배설물이다. 루리하늘소가 있다고 해서 나무가 반드시 죽는 것은 아니지만 약해져 있는 나무라면 말라 죽을 수 있다. 특히 어린 나무가 피해를 많이 당한다. 만약 유충의 배설물을 발견했다면 정원을 샅샅이 뒤져서 성충을 잡아야 한다. 유충은 새와 기생벌에게 잡아먹히고 성충은 백강균(자낭균류 동충하초과의 균류로 백강균에 감염된 곤충은 몸체에 흰 가루가 덮인 모습으로 죽는다)에 감염되어 죽기도 한다. 가지치기를 해서 통풍을 개선하면 이 천적들이 등장하여 루리하늘소를 처리해 줄 것이다.

1 홍가시나무 꽃 **2** 레드로빈의 새순이 돋아나고 있다. **3** 점무늬병 **4** 루리하늘소의 배설물

후피향나무

차나뭇과 상록교목

- 가지치기 시기 6~7월, 10~11월 ● 꽃 7월 ● 열매 10~11월
- 병충해 후피향잎말이나방, 깍지벌레, 그을음병
- 반음지와 양지를 좋아한다.

옛날부터 일본식 정원에 많이 심기고 층층형(172쪽)으로 다듬어졌던 나무다. 일본 이름은 '못코쿠'로, 소나무(마쓰), 감탕나무(모치노키), 나한송(마키)과 함께 4M으로 불리며 일본식 정원의 대표

1 가지치기 전, 꼭대기에 가지가 빽빽하게 나 있으므로 굵은 가지부터 과감하게 제거한다. 오랫동안 방치된 나무라면 억세고 굵게 자란 가지부터 대체 자르기한 후 깎아 다듬는 것이 좋다. **2** 가지치기 후 **3** 꽃에서 희미한 향기가 난다. **4** 후피향잎말이나방의 유충. 몸에서 뽑아낸 실로 잎을 여러 개 묶거나 하나를 돌돌 말아서 안에 틀어박힌 뒤 잎을 갉아먹는다. 말아 놓은 잎 속이 배설물로 가득해졌다.

바큇살 가지를 정리하는 방법
1 가지치기 전. 잔가지 5개가 바큇살 모양으로 나 있다.
2~4 가위로 잔가지 분기점을 자르고 2개만 남겨서 균형을 맞추었다.
5 가지치기 후

주자로 활약했다. 그러나 요즘은 이런 나무들을 정원에 심는 사람이 많지 않다.

가지치기 방법 본체는 늦게 자라는 반면, 잔가지는 하늘을 향해 수직으로 쑥쑥 자라므로 최소한 1년에 한 번 가지치기를 하지 않으면 상당히 듬성듬성해진다. 가지가 위쪽으로 나거나 한 곳에서 바큇살 모양으로 나는 경향이 있기 때문에 한 번 모양이 망가지면 고치기도 어렵다. 한 곳에서 가지가 세 갈래로 났다면 두 갈래만 남기고 제거하자. 나무가 이미 커졌다면 깎아 다듬은 후 빽빽한 가지를 솎아 내자.

병충해 후피향잎말이나방이 발생할 수 있다.

회양목
-박스우드

회양목과 상록관목

● 가지치기 시기 6~7월, 9~11월 ● 꽃 3~4월

● 병충해 회양목명나방, 매실애기잎말이나방, 점박이응애, 광대노린재, 무당잎벌레

● 반음지와 양지를 좋아한다.

회양목은 공, 사각형, 나선 모양으로 깎아 다듬을 수 있고 새, 동물 형태의 토피어리로도 만들 수 있다. 또한 생울타리에도 잘 어울리는 나무다. 예전의 일본식 정원에서는 가지마다 공이 달린 것 같은 층층형(172쪽)으로 다듬을 때가 많았지만 그 형태는 이제 그다지 인기가 없다. 그러나 우리나라에서는 아직 많이 식재하고 있다.

1970년대부터는 서양회양목인 박스우드가 정원에 자주 쓰였다. 상자 모양으로 깎을 수 있다는 뜻에서 박스우드라고 불리는 이 나무는 회양목보다 잎이 얇은 데다 색도 밝아서 부드러운 분위기를 내므로 서양식 정원에 자주 쓰인다. 그러나 회양목명나방에게 재래종보다 더 심각한 피해를 당할 수 있다.

건강한 나무라면 햇빛을 많이 받는 쪽을 강전정하여 깎고 아래쪽과 북쪽을 약하게 깎는다. 약해진 나무라면 전체적으로 가볍게 깎아 잎을 많이 남겨 두고 지켜본다.

1 가지치기 전의 화양목
2 가지치기 후의 회양목
3 가지치기 전의 박스우드
4 가지치기 후의 박스우드

1 매실애기잎말이나방 유충. 잎말이나방이라서 잎을 돌돌 말려고 한다. **2** 식사에 몰두하는 회양목명나방 유충 **3** 회양목명나방 유충이 갉아먹은 흔적 **4** 광대노린재의 종령 유충. 이때까지는 정원에서도 자주 발견된다. **5** 광대노린재 성충. 전에는 유충처럼 회양목 잎을 먹는다고 알려져 있었지만 사실은 다양한 식물의 즙을 빨아먹는 것으로 밝혀졌다. **6** 무당잎벌레 성충. 원래 유충과 성충 모두 구골목서 잎을 먹지만 이때는 회양목 잎을 먹고 있었다.

가지치기 방법 회양목이든 박스우드든 기본은 깎아 다듬기다. 해마다 손질할 경우에는 그해에 자란 만큼만 깎으면 된다. 다만 꼭대기는 약간 과감하게 깎는다. 꼭대기가 빽빽해졌다면 가지를 약간 솎아 준다. 굵은 가지나 몸통가지가 발생하기 쉬우므로 가지치기 가위로 잘 제거한다.

상록 풍년화

조록나뭇과 상록관목

● 가지치기 시기 6월　● 꽃 5월

● 병충해 큰날개매미충류, 흰가루병

상록풍년화는 미색의 작은 꽃을 피우는 상록수로, 노란 꽃을 피우는 낙엽수인 풍년화와는 전혀 다른 종에 속한다. 최근에는 선홍색 꽃을 피우는 홍화상록풍년화가 인기를 끌며 생울타리로 자주 쓰이지만 단독으로 심기도 한다. 해가 잘 드는 곳에 심어야 꽃을 풍성하게 피운다. 단, 석양빛은 싫어한다.

가지치기 방법　맹아력이 강해 웃자란 가지가 튀어나오기 쉽다. 그러니 드센 가지를 전부 더듬어 밑동에서 자른 다음 깎아 다듬기를 한다. 가지치기를 잘 견디니 어느 정도 강전정하는 것도 괜찮다. 깎아 다듬으면 가지가 빽빽하게 나서 선녀벌레의 유충이 생기기 쉽지만 그럴 경우 위쪽을 가지 솎기로 정리하면 된다.

1 가지치기 전의 홍화상록풍년화. 우선 깎아서 모양을 다듬는다. 빽빽한 가지를 솎아 통풍을 개선하고 균형을 맞춘다. 굵은 가지가 웃자란 경우에는 깎아 다듬기 전에 밑동에서 자른다.
2 가지치기 후의 홍화상록풍년화
3 홍화상록풍년화의 꽃

column 벌이 집을 짓지 못하게 하려면

내가 관리하는 6 m 높이의 노각나무에 좀말벌이 해마다 벌집을 지을 때가 있었다. 주변 환경이 좀말벌이 살기에 상당히 좋았나 보다.

고민하다 보니 예전에 원예요법을 배우러 캐나다에 갔을 때 영국식 애프터눈티를 제공하는 야외 카페에 갔던 것이 생각났다. 넓은 정원에서 차와 샌드위치를 우아하게 즐기면서도 정원수의 이곳저곳에 달린 갈색 자루의 정체가 너무나 궁금해 직원에게 물어보았더니 '벌 쫓는 자루'라고 했던 것이다. 벌집 비슷한 것을 나무에 달아 놓으면 벌이 집을 짓지 않는다고 한다.

그래서 나도 노각나무에 홈센터에서 산 코코넛 껍질을 매달아 보았다. 그러자 놀랍게도 좀말벌이 더는 집을 짓지 않았다. 벌이 '이미 주인이 있구나!'라며 포기한 듯했다.

분명 쌍살벌에게도 이 방법이 효과가 있을 것이다. 하지만 애벌레와 털벌레를 먹어치워 주는 쌍살벌은 좀말벌 같은 해충이 아니라서, 사람에게 피해를 주지 않을 만한 곳의 벌집 정도는 일부러 남겨 두고 있다. 그러나 우리나라 말벌은 독성이 강하여 위험하다. 말벌집을 발견하면 119에 신고하여 제거해야 한다.

1

2

3

1 코코넛 껍질로 만든 가짜 벌집
2 좀말벌의 벌집
3 깎아 다듬기를 하다가 발견한 쌍살벌의 벌집. 없애지 않고 남겨 두었다.

대체 자르기가 필요한 나무

굵고 억세게 자란 가지, 웃자란 가지, 안쪽이나 아래쪽으로 난 가지, 얽힌 가지 등을 제거하고 부드러운 가지를 남겨서 자연 수형을 만드는 가지치기 방법을 '대체 자르기'라 한다.

낙엽수

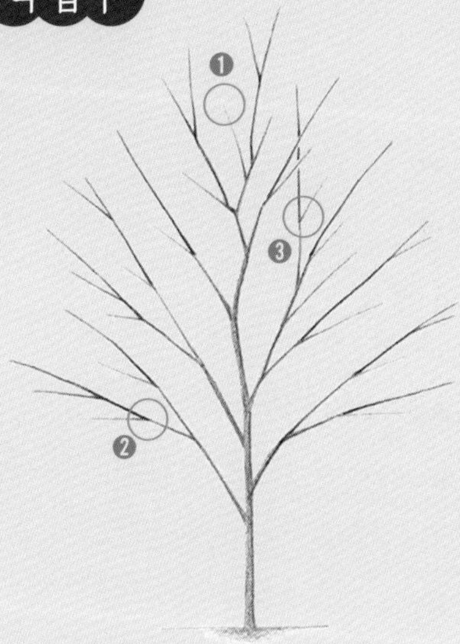

가지치기하기

❶ 가지치기는 기본적으로 꼭대기부터 시작한다. 원하는 높이를 정한 다음 심芯(풀이나 나무의 가장 높이 자라는 부분. 성장의 중심이 되는 가지나 줄기)이 될 가지, 즉 중심 가지를 남기며 대체 자르기하고 차례차례 밑으로 내려가며 가지치기한다. 나무 모양과 가지 배분에 주의하며 진행한다. ❷ 빨간색으로 표시한 가지를 전부 자른다. 드세게 뻗은 가지를 긴 것부터 차례차례 대체 자르기한다. ❸ 잘랐을 때 나무 모양에 빈 곳이 생긴다면 선 가지라도 대체 자르기하여 일부를 남긴다. 대체할 가지가 없을 때는 중간 자르기한다.

굵은 가지를 대체 자르기한 후 대략의 나무 모양이 눈에 들어오면 얽힌 가지를 제거한다.

가지치기 전

낙엽수를 과감하게, 또는 본격적으로 가지치기하려면 낙엽이 떨어질 때를 기다리자. 단, 꽃나무와 과일나무 중에는 이 시기에 꽃눈이 나오는 것이 많으므로 꽃눈이 달린 가지를 남겨야 한다. 잔가지나 짧은 가지에 꽃눈이 달리는 것도 있으니 너무 많이 자르면 안 된다. 봄부터 초여름 사이에 자란 가지가 정착하는 6월 이후에는 강전정을 피한다. 꽃과 열매가 중요하지 않다면 낙엽이 지기 전에 강전정을 하여 낙엽의 양을 줄일 수도 있다.

가지치기 후

그림에서는 가지 끝이 생략되어 있지만, 부드럽고 가는 가지를 최대한 남겨야 나무 모양이 쉽게 안정된다.

상록수

가지치기하기

❶ 가지치기는 기본적으로 꼭대기부터 시작한다. 원하는 높이를 정해서 중심 가지를 남기고, 차례차례 밑으로 내려가며 대체 자르기한다. 나무 모양과 가지 배분에 주의하며 진행한다. ❷ 빨간색으로 표시한 가지를 전부 자른다. 드세게 뻗은 가지를 긴 것부터 차례차례 대체 자르기한다. ❸ 잘랐을 때 나무 모양에 빈 곳이 생긴다면 얽힌 가지라도 대체 자르기하여 일부를 남긴다. 대체할 가지가 없을 때는 중간 자르기한다. ❹ 굵은 가지를 대체 자르기한 후 대략의 나무 모양이 눈에 들어오면 얽힌 가지를 제거한다.

가지치기 전

봄부터 초여름 사이에 자라난 가지가 정착하는 6월경에 가지치기를 하여 통풍을 개선한다. 일부 수종은 가지와 잎이 너무 줄어들어 본체에 직사광선이 닿으면 줄기가 갈라지고 상할 수 있으니 적당히 잘라야 한다. 여름에 상록수가 무성해야 집 주변의 기온을 조금이나마 낮출 수 있으니 9월 중순이 지난 후에 가지치기를 하자. 그러면 가을에는 가지가 거의 자라지 않으므로 이듬해까지 단정한 모양이 유지될 것이다.

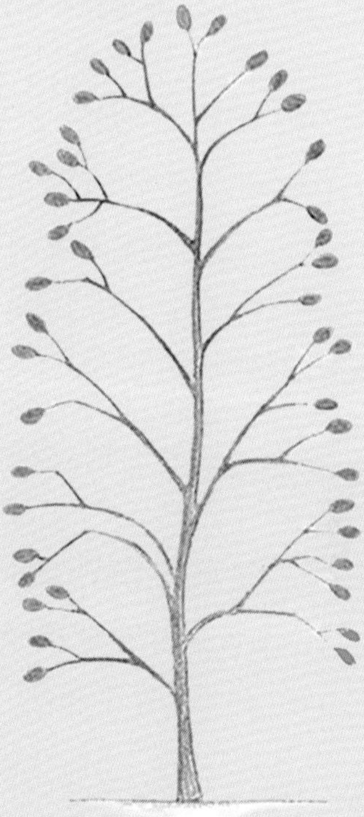

가지치기 후

그림에서는 가지 끝이 생략되어 있지만, 부드럽고 가는 가지를 최대한 남겨야 나무 모양이 쉽게 안정된다. 일부 수종(특히 원산지가 더운 지방인 것)은 겨울에 강전정을 하면 가지와 줄기가 말라 버리니 주의하자.

감귤류

유자나무: 운향과 상록관목 금귤나무: 운향과 상록소교목

- 가지치기 시기 유자나무는 10월, 금귤나무는 3~5월
- 꽃 유자나무는 5월, 금귤나무는 6월 말~8월
- 열매 유자나무는 11~12월(청유자는 8월부터), 금귤나무는 2월 초순~5월 중순
- 병충해 깍지벌레, 진딧물, 호랑나비, 남방제비나비, 큰날개매미충류, 귤굴나방, 그을음병
- 양지(유자나무는 반음지까지)와 온난한 곳을 좋아한다.

감귤류는 온난한 지역에서 잘 자라고 해가 잘 드는 양지를 좋아하지만 석양빛은 싫어한다. 바람이 강한 곳도 싫어한다. 단, 유자는 반음지에서도 열매를 맺을 수 있다.

감귤류는 지난해에 나온 가지(주로 봄 가지) 끝에 꽃눈이 돋아나고 꽃이 피며 열매가 열린다. 그 후에는 그 가지에 꽃눈이 생기지 않는다.

유자는 꽃유자와 참유자로 나뉜다. 참유자는 모양은 우둘투둘하지만 꽃유자보다 크고 향기로워 요리에 적합하다. 유자즙으로 만든 폰즈 소스에서는 식초와는 다른 새로운 풍미와 순한 맛을 느낄 수 있다.

열매가 너무 많아서 곤란하다면 따서 유자 잼이나 꿀 유자청을 만들어 보자. 예전에 유자 씨앗을 술에 담가 만든 화장수를 발랐더니 피부가 매끈해진 적도 있다.

가지치기 방법 빽빽한 가지를 솎아 나무 안쪽까지 해가 잘 들도록 한다. 꽃눈이 이미 나왔다면 꼼꼼히 살펴보아 꽃눈을 남긴다. 꽃눈이 많으면 열매가 작아질 수 있으므로 과감히 절반으로 줄인다는 생각으로 제거하자. 그래야 맛있고 큰 열매를 얻을 수 있다.

열매가 너무 많으면 나무가 기운이 빠지고 약해질 수 있다. 열매가 달린 상태로 내버려 두어도 나무가 약해지니 적당한 시기에 열매를 따야 한다.

유자나무와 금귤나무에는 가시가 있다. 가시가 있는 나무를 손

1 유자나무 꽃
2 가지치기 전의 유자나무. 가지가 휠 정도로 열매가 많이 달렸다. 열매를 수확하면서 웃자란 가지와 얽힌 가지, 거꾸로 난 가지를 정리하여 통풍과 일조를 개선했다.
3 가지치기 후의 유자나무

1 이세리아깍지벌레의 성충 **2** 이세리아깍지벌레의 약충(불완전변태를 하는 곤충의 유충) **3** 넓적깍지벌레(위)와 가루깍지벌레(아래) **4** 감귤류에 발생한 화살깍지벌레. 사진의 흰 물체는 수컷의 고치다. 열매에 붙어 있는 검은깨 같은 물체는 수컷 성충이다. **5** 호랑나비의 1령 유충. 호랑나비와 남방제비나비의 유충은 감귤류의 잎을 갉아먹는다. **6** 호랑나비의 중령(2~4령을 가리킴) 유충 **7** 호랑나비의 종령 유충. 클수록 눈이 뱀처럼 변한다. **8** 남방제비나비의 종령 유충 **9** 두색맵시벌이 기생했던 호랑나비 번데기. 속이 텅 비어 있다. **10** 유자나무의 부채날개매미충 유충. 가지와 잎이 빽빽한 감귤류에 발생한다. 어리고 푸른 가지가 푹신해 보이는 흰 물질로 뒤덮여 있다면 매미충류가 발생한 것이다. **11** 부채날개매미충 성충. 날개가 투명하다. **12** 때까치는 도마뱀이나 사마귀를 식물의 가시에 꽂아 놓고 천천히 먹는다. 여기서 하이쿠의 계어(일본의 전통 정형시 하이쿠(俳句)에서 계절을 나타내기 위해 반드시 쓰이는 말)이기도 한 '때까치의 조찬'이라는 말이 나왔다.

질할 때는 가죽장갑을 착용하는 것이 기본이지만, 장갑이 너무 두꺼우면 가위를 자유롭게 조작할 수 없으니 적당한 두께로 고르자.

유자나무와 금귤나무는 3월쯤 가지치기하는 것이 가장 좋다. 단, 열매 수확을 겸하여 가을에 가지치기를 하고 싶다면 대체 자르기를 활용하여 짧은 가지를 최대한 남기고 통풍과 일조를 개선할 수 있다.

수확할 때 주의할 점 감귤류를 가지치기할 때는 가시를 조심해야 한다. 유자나무 가시는 가죽장갑을 뚫을 만큼 강력하다. 게다가 대개 가지가 빽빽한 곳에 유자가 숨어 있으므로 아무래도 가시 소굴에 손을 집어넣을 수밖에 없다. 그러니 가시를 미리 다 잘라 버리는 것도 좋은 방법이다. 강력한 가시를 어느 정도 제거하면 안심하고 손을 집어넣을 수 있다. 이런 식으로 열매를 따는 동시에 거꾸로 난 가지, 안쪽의 빽빽한 가지 등을 솎아 내면 된다.

column 유자를 즐기는 법

꿀 유자청 만드는 법

유자를 잘 씻어 물기를 제거한 뒤 얇게 썰어 병에 넣는다. 유자가 잠길 만큼 벌꿀을 채운 뒤 3시간쯤 지나면 마실 수 있다. 적당한 컵에 덜어 뜨거운 물로 희석하여 마시자.

가열하지 않았으므로 만든 뒤 1주일 정도까지만 보관할 수 있다.

사진: 이와타니 미나에(岩谷美苗) 제공

유자 무 만드는 법

무 1 kg, 유자 한 개 | 조미료: 설탕 200 g, 식초 120 cc, 소금 1.5큰술

❶ 무는 껍질을 벗기고 한 입 크기로 깍둑썰기를 한다. ❷ 유자 껍질을 잘 깎아서 벗긴 다음 채친다(안쪽의 흰 부분은 쓰지 않는다). ❸ 용기에 깍둑썰기한 무와 채친 유자 껍질을 넣은 다음, 미리 섞어 둔 조미료를 부어 잘 섞는다. 3~4시간 지나면 먹을 수 있다. 보관 기한은 2~3일이다.

노각나무

차나뭇과 낙엽교목

- 가지치기 시기 11월~이듬해 2월 ● 꽃 6~7월
- 열매 8월경부터 열매가 맺히나 가을이 되어야 갈색으로 익음
- 병충해 매미충류, 차독나방, 몸큰가지나방

여름에 흰 동백과 비슷한 꽃을 피운다. 동백나무와 같은 차나뭇과 낙엽교목이라서 이따금 차독나방이 발생한다.

대부분의 낙엽수가 여름에 옮겨 심는 것을 싫어하지만 노각나무는 특히나 여름을 싫어한다. 그래서 안정된 것처럼 보이다가도 가지가 조금씩 마를 때가 있다. 해가 잘 드는 건조한 곳에서는 갑자기 말라 죽기도 한다.

우리 집에서도 작은 꽃을 피우는 모나델파 노각을 해가 별로 들지 않는 곳에 심었더니 하루살이 꽃(아침에 피었다가 저녁에 지는 꽃)을 날마다 많이 피운다. 꽃이 진 후의 갈색 열매도 수수한 꽃처럼 보인다.

가지치기 방법 지난해에 난 짧은 가지에 꽃이 피므로 겨울에 가

1 가지치기 전(여름)
2 가지치기 후(여름)
3 꽃

1 가지치기 전(겨울) **2** 가지치기 후(겨울) **3** 노각나무에서 발견한 큰다듬이벌레. 잎을 갉아먹지만 나무에 낀 이끼도 먹는다. **4** 몸큰가지나방이 노각나무 가지로 의태한 모습 **5** 몸큰가지나방(감탕나무에서 찍은 사진)

지 끝을 자르면 꽃을 볼 수 없다. 억세고 굵게 뻗은 가지는 대체 자르기로 정리한다. 잎이 나온 후에 가지치기를 하더라도 전체 균형을 보아 가며 대체 자르기하여 일조와 통풍을 개선하면 된다. 강전정이 필요하다면 낙엽이 질 때를 기다리자.

황칠나무

두릅나뭇과 상록교목

- 가지치기 시기 1~2월의 혹한기와 8월의 혹서기를 제외한 아무 때나
- 꽃 7~8월 ● 열매 11월
- 병충해 가끔 깍지벌레, 자벌레, 굴파리, 진딧물
- 음지와 반음지를 좋아한다.

잎 모양이 독특한 상록수여서 북쪽 창을 가릴 목적으로 줄지어 심기도 한다. 그늘에서도 잘 자라는 고마운 나무다. 반대로 건조한 기후에는 약하므로 해가 많이 드는 남쪽에는 심지 않는 것이 좋다. 잎 모양이 반질반질하고 개성적이지만 생육 상황과 환경에 따라 톱니 모양이 없는 잎이 나오기도 한다.

가지치기 방법 가지가 빽빽해지면 물크러질 수 있으므로 가지를 솎아 통풍을 개선한다. 동시에 전체 균형을 보아 가지가 균등하게

1 가지치기 전 **2** 가지치기 후 **3** 꽃봉오리와 꽃

배분되도록 한다. 중간 자르기를 하면 볼품없어지지만 잎이 제대로 나 있을 경우 그 잎 위에서 조금 비스듬하게 자르면 된다. 방치하면 가지가 띄엄띄엄해지고 나무 아래쪽이 휑해지니 어릴 때부터 한 해에 한 번씩 가지치기를 하여 위쪽이 가벼워지고 아래쪽이 무성해지도록 해야 한다.

황칠나무를 자르면 오렌지색 수액이 나온다. 수액에는 옻나무 성분인 우루시올이 들어 있어서 피부에 닿으면 체질에 따라 염증이 생길 수 있다.

초피나무

운향과 낙엽관목

- 가지치기 시기 3월 ● 꽃 4~5월
- 열매 9~10월에 숙성하지만 7~8월에 열리는 풋열매가 식용으로 쓰인다.
- 병충해 호랑나비, 남방제비나비
- 건조한 기후와 옮겨심기를 싫어한다. 암수딴그루로 암나무에만 열매가 열린다. 호랑나비, 남방제비나비가 찾아온다.

제피나무라고도 하며, 향신료로 사용된다. 어린 싹으로 요리를 장식하거나 물과 음료 등에 띄워 향미를 더할 수 있고, 새싹 된장(백된장에 초피나무 싹과 조미료를 갈아 넣어 만든 된장)도 만들 수 있다. 열매는 조림이나 향신료가 되고 줄기와 굵은 가지는 나무공이의 재료로 쓰인다. 산초나무와 비슷하지만 다른 나무다.

해가 잘 드는 곳보다 반음지나 음지에서 잘 자란다. 간혹 공들여 심은 것보다 제멋대로 싹튼 초피나무 실생이 건강하게 자랄 때가 있다. 땅속의 씨앗은 적합하지 않은 환경에서는 발아하지 않으므로 자연 발아했다는 것은 그곳의 환경이 적합하다는 의미다.

가지치기 방법 드센 가지나 얽힌 가지, 거꾸로 난 가지 등을 더듬어서 안쪽에서 자른다. 찔리면 상당한 통증을 주는 가시가 있으니 가죽장갑을 끼고 긴 옷을 입고 작업하자.

병충해 호랑나비, 남방제비나비의 유충이 많이 발생하지만 그중 나비가 되는 것은 소수에 불과하다. 새와 쌍살벌이 유충을 매일 잡아먹기 때문이다. 심지어 번데기에도 두색맵시벌이 기생하므로 번데기가 되고도 성충이 되지 못하는 경우가 많다(사진은 88쪽).

1 가지치기 전. 드센 가지를 대체 자르기하고 선 가지, 얽힌 가지를 솎아 낸다. 가시에 찔리면 상당히 아프니 가죽장갑을 끼고 작업하는 것이 좋다. 무더운 날씨가 이어지면 갑자기 말라 버리기도 한다. **2** 가지치기 후 **3** 잎과 열매

동청목

감탕나뭇과 상록관목

- 가지치기 시기 아무 때나 ● 꽃 5~6월 ● 열매 10~11월
- 병충해 깍지벌레, 그을음병, 흑점병
- 반음지를 좋아한다. 암수딴그루이므로 암나무에만 열매가 열리며, 잎은 염료로도 쓰인다.

잎 가장자리가 바람에 흔들리는 물결 같다고 하여 일본에서는 '소요고(살랑나무)'로 불린다. 상록수치고는 분위기가 부드럽고 빨간 열매가 아름답다. 성장도 느려서 서양식 정원과 일식 정원에 모두 잘 어울린다. 단, 성장이 매우 느리니 너무 작은 묘목보다는 최종적으로 원하는 높이에 거의 도달한 나무를 고르는 게 무난하다.

암수딴그루라서 암나무에만 열매가 열리니 열매를 즐기고 싶다면 암수 두 그루를 심어야 한다. 나란히 심지 않아도 같은 정원에 있기만 하면 되니 암나무를 눈에 띄는 곳에 심고 수나무를 구석에 심어도 괜찮다. 햇빛을 너무 많이 받으면 잎이 타고, 너무 적게 받으면 열매가 열리지 않으므로 반음지가 적합하다. 잎은 천연 염료로도 쓰인다. 제주도에서 잘 자라는 먼나무와 비슷하며 남부지방에서 잘 자란다.

가지치기 방법 강전정을 하면 쉽사리 기운을 회복하지 못하므로 전체 모양을 보아 튀어나온 곳만 가볍게 솎는다. 그냥 두어도 잎이 그다지 빽빽해지지 않으니, 다른 수종이었다면 제거했을 거꾸로 난 가지라도 나무 모양에 빈 곳이 생길 듯하면 남겨 두는 것이 좋다.

1 꽃 **2** 열매 **3** 흑점병 **4** 가지치기 전. 성장이 느리니 얽힌 부분만 정리하여 통풍을 개선한다.

배롱나무 –백일홍

부처꽃과 낙엽소교목
- 가지치기 시기 12월~이듬해 3월
- 꽃 7~10월 ● 열매 11월
- 병충해 흰가루병, 깍지벌레, 진딧물

여름에 오랫동안 꽃을 피우므로 정원에 한 그루 심어 두면 눈이 즐거울 것이다.

가지치기 방법 해마다 같은 자리에서 잔가지를 자르면 절단면의 수피가 점점 부풀어 올라 가지 끝에 주먹이 달린 듯한 모양이 된다. 자를 때마다 나무가 항균물질을 모아 혹을 만들기 때문이다. 이런 방식을 쓰면 이듬해 자라난 가지 끝에 큰 꽃송이가 달린다. 한편 혹을 만들지 않고 대체 자르기를 하여 자연 수형을 유지하면 작은 꽃송이가 많이 달린다.

병충해 흰가루병에 잘 걸리지만 농약을 쓰지 않는다면 노랑무당벌레가 찾아와 흰가루병의 균을 먹어치울 것이다.

1 가지치기 전 **2** 주먹 모양 가지치기 **3** 가지치기 후(자연 수형) **4** 꽃 **5, 6** 노랑무당벌레 유충(**5**)과 성충(**6**). 둘 다 흰가루병의 균을 먹는다.

산수유 나무

층층나뭇과 낙엽교목

● 가지치기 시기 5~12월 ● 꽃 3~4월 ● 열매 10월

● 병충해 병충해에 강함 / 가끔 매미나방, 차잎말이나방, 주머니나방, 장수쐐기나방, 흰가루병

산수유는 병충해에 강하고 꽃과 열매도 사랑스러워서 정원이나 가로수로 많이 심는다. 껍질은 상당히 거친 느낌이지만 특별히 관리하지 않아도 되고 자연 수형으로 만들기도 쉽다.

한방에서는 산수유 열매가 자양강장, 요통, 냉증, 지혈, 이뇨, 항알레르기 등에 효과적이라고 한다. 그러나 생식은 그다지 권하지 않는다.

가지치기 방법 방치하면 크고 무거워지므로 길게 자란 가지와 잎

1 가지치기 전. 억센 가지를 대체 자르기하고 선 가지와 얽힌 가지를 솎는다. 꽃눈이 달릴 짧은 가지는 최대한 남겨야 한다. 단, 가지가 나뉘는 분기점의 잔가지는 시원하게 자른다. **2** 가지치기 후 **3** 꽃 **4** 열매. 딱새, 오목눈이 등도 좋아하지만 뭐니 뭐니 해도 직박구리가 제일 많이 먹는다. 맛있어 보였지만 친구가 실제로 먹어 보니 굉장히 떫다고 했다.

을 과감히 대체 자르기하는 것이 좋다. 낙엽이 진 후에 가지치기를 하려면 꽃눈을 남기면서 웃자란 가지와 얽힌 가지를 솎아 크기를 줄이면 된다.

준베리 –미국채진목

장미과 낙엽관목
● 가지치기 시기 6월~이듬해 3월
● 꽃 4~5월 ● 열매 6월
● 병충해 가위벌, 먹무늬재주나방, 하늘소 유충, 진딧물

청초한 흰 꽃을 피우지만 분홍색 꽃을 피우는 품종도 있다. 동글동글하고 빨갛고 맛있는 열매를 맺으며, 이 열매는 새들도 아주 좋아한다. 새가 와서 먹어 버리는 것이 조금 아깝긴 하지만, 새가 찾아올 정도의 나무라면 벌레가 약간의 식해를 일으켜도 별 문제가 없을 것이다. 신경 쓰지 않고 내버려 두어도 된다.

정원에서는 다간형, 즉 땅에서 몇 가닥의 줄기가 올라온 것이 인기가 많다. 단풍도 아름다워서 분위기가 무척 좋으나 가로로 넓게 퍼지는 경향이 있으므로 좁은 곳에는 적합하지 않다.

1

2

3

4

1 가지치기 전 **2** 가지치기 후 **3** 꽃 **4** 열매(사진: 가가와 준 제공)

가지치기 방법 웃자란 가지가 많이 생기니 나무 모양을 보아가며 자른다(90쪽 '노각나무' 참조). 땅에서 줄기가 너무 많이 올라오면 지면에서 솎는다.

병충해 먹무늬재주나방이 발생하기 쉽고 하늘소 유충도 출현한다. 하늘소 유충 대처법은 121쪽을 참조하기 바란다. 가위벌은 잎을 반원 모양으로 자르기도 한다.

서어나무류 -서나무류

자작나뭇과 낙엽교목

- 가지치기 시기 11월~이듬해 1월
- 꽃 3~4월
- 병충해 진딧물, 노랑목저녁나방

느티나무가 너무 커서 망설여진다면 모양은 느티나무와 비슷하고 잡목림 분위기를 내면서도 그다지 커지지 않는 서어나무류를 심어 보자. 서어나무의 단풍은 빨간색이며, 개서어나무의 단풍은 노란색이다.

서어나무류는 개서어나무와 서어나무의 총칭인데, 이 둘은 구분이 매우 어렵다. 다만 서어나무가 잎이 좀 더 작고 잎꼭지(잎을 줄기나 가지에 붙게 하는 꼭지 부분)와 햇가지가 불그스름하다. 세세하게 따지면 다양한 차이가 있겠지만 정원에 심긴 나무를 보고

1 가지치기 전 **2** 가지치기 후 **3** 서어나무류의 꽃이삭 **4** 곰서어나무의 열매이삭

구분할 수 있을 정도는 아니다. 그래서 최근 일본의 조경업자들이 개서어나무와 서어나무를 구분하지 않고 편하게 취급하기 위해서 이 둘을 묶어 '서어나무류'라고 부르는 듯하다.

정원이 조금 넓다면 서어나무류보다 큰 나무를 찾아보는 것도 괜찮다.

가지치기 방법 90쪽 '노각나무' 참조.

때죽나무

때죽나뭇과 낙엽소교목
- 가지치기 시기 9월~이듬해 2월
- 꽃 5~6월 ● 열매 꽃이 지면 열매가 열리지만 낙하는 10월
- 병충해 거의 없음 / 가끔 진딧물

때죽나무는 5월쯤 살짝 고개 숙인 듯 피어나는 흰 꽃이 매우 아름다워 정원의 대표 나무로 삼는 사람도 많다. 때죽나무에는 가지가 심하게 처지는 '수양때죽나무'와 분홍색 꽃이 피는 '분홍때죽나무'라는 귀여운 품종도 있다.

단, 꽃껍질과 열매가 대량으로 떨어지기 때문에 진입로나 주차장 위에 가지가 있으면 청소하기가 어렵다. 그러니 심을 곳을 잘 선택하자.

1 때죽나무 꽃. 다양한 벌레가 꿀을 가지러 온다. **2** 때죽나무납작진딧물이 만든 벌레혹 **3** 가지치기 전. 억세게 자란 가지를 대체 자르기한다.

가지치기 방법 90쪽 '노각나무' 참조.

병충해 가끔 때죽나무납작진딧물이 벌레혹(곤충이나 선충 등의 동물 및 균류의 자극으로 생기는 식물의 줄기, 잎, 뿌리 따위에서 볼 수 있는 혹 모양의 불룩한 부분)을 만든다. 진딧물이 식물의 즙을 빨아들이면서 조직을 변이시켜 자신의 집으로 만드는 것이다. 고양이 발처럼 생긴 이 혹 안에는 진딧물이 가득하다. 발견하자마자 가위로 잘라서 일반쓰레기 봉투에 버리자.

박태기 나무

콩과 낙엽관목
● 가지치기 시기 11월~이듬해 3월
● 꽃 4월　　● 열매 9월
● 병충해 거의 없음 / 가끔 노랑쐐기나방, 흰가루병

초봄에 진분홍색 꽃이 가지에 쌀튀밥처럼 달리며, 잎보다 꽃이 먼저 피는 나무다. 움돋이가 많아 다간형이 될 때가 많다. 움돋이를 다 없애고 단간형으로 만들어도 되지만, 공간이 넉넉하다면 보기 좋게 자란 몇몇 가지를 남겨서 다간형으로 만들어도 좋을 것이다.

콩과 식물이므로 청대완두콩과 비슷한 열매를 맺는다. 열매를 그대로 두면 나무가 볼품없고 약해지므로 가지치기할 때 전부 따는 것이 좋다. 나무를 증식시키고 싶다면 열매를 냉장고에 보관했다가 3월 중순경에 뿌리면 된다.

가지치기 방법　90쪽 '노각나무' 참조
땅에서 가지가 여러 개 올라왔다면 지면에서 가지를 솎는다.

1 가지치기 전. 억센 가지부터 차례차례 대체 자르기한다. 가지 끝이 무거워 보인다면 보기 좋은 가지 2개 정도만 남기고 다 정리한다.
2 가지치기 후
3 꽃
4 청대완두콩과 비슷한 열매
5 흰 꽃이 피는 품종도 있다.

산딸나무

층층나뭇과 낙엽소교목
- 가지치기 시기 11월~이듬해 3월
- 꽃 5~6월 ● 열매 9~10월
- 병충해 흰가루병

정원의 대표로 손꼽히는 나무다. 작은 꽃이 많이 피는 밀키웨이산딸나무, 연한 빨간색 꽃이 피는 홍화산딸나무, 겨울에도 낙엽이 지지 않는 상록산딸나무 등이 있다. 잘 익은 붉은 열매에서는 열대과일 같은 맛이 난다.

가지치기 방법 90쪽 '노각나무' 참조.

1 가지치기 전. 웃자란 가지가 자주 생기므로 대체 자르기한다. 매해 같은 곳을 자르면 가지가 울퉁불퉁해지므로 자르는 위치를 조금씩 바꾸는 것이 좋다. **2** 가지치기 후 **3** 상록산딸나무는 꽃을 많이 피운다. **4** 상록산딸나무의 꽃 **5** 꽃(흰 꽃). 흰 꽃잎처럼 보이는 것은 사실 '꽃턱잎'(꽃대 밑이나 꽃자루 밑을 받치고 있는 녹색 비늘 모양의 잎)이라는 잎이다. **6** 열매가 맛있어서 새들이 좋아한다.

꽃산딸나무 -미국산딸나무

층층나뭇과 낙엽소교목
- 가지치기 시기 6~7월, 11월~이듬해 3월
- 꽃 4~5월 ● 열매 10월
- 병충해 흰가루병
- 양지와 반음지를 좋아한다.

나무 모양이 아름답고 잎 모양이 우아하다. 봄에는 꽃을 피우고 가을에는 열매와 단풍을 보여주며 겨울에는 낙엽을 떨어뜨린다. 이처럼 일 년 내내 즐길 수 있어 정원수로 매우 인기가 높다. 흰 꽃이 일반적이지만 요즘은 붉은 꽃을 피우는 붉은미국산딸나무도 자주 보인다. 가로수로도 쓰인다.

꽃 피우는 법 눈으로 꽃눈을 확인할 수 있게 되었을 때 꽃눈을 남기고 가지치기하면 꽃을 확실히 피울 수 있다. 비료를 너무 많이 줄 경우 꽃이 피지 않는다. 이는 영양이 과다하면 나무가 성장에 에너지를 할애하여 꽃눈을 만들지 않기 때문이다. 나무가 어느 정도 나이를 먹어 성장이 주춤해지면 꽃이 핀다. 그늘에 있어도 꽃이 잘 피지 않는다.

가로수 중에는 작은 구덩이에 심겼는데도 의외로 건강하게 꽃

1 가지치기 전(여름). 지면보다 높은 곳의 작은 구덩이에 심긴 꽃산딸나무. 여름에 햇빛을 가려서 실내를 시원하게 만들 목적으로 집 바로 옆에 심었으므로 잎을 최대한 남기고 얽힌 가지나 거꾸로 난 가지만 제거하면서 나무 모양을 정돈한다.
2 가지치기 후(여름)

을 피우는 것이 많다. 우리 고객의 정원에도 그런 꽃산딸나무가 있다(110쪽의 여름철 가지치기 전후 사진 참조). 이 나무도 처음에는 꽃을 전혀 피우지 않았다. 그래도 2층 창문 앞에 심어서 여름철 방의 온도를 낮추고 싶다는 고객의 희망에 따라 높이를 제한하지 않는 방식으로 손질해 왔다.

처음에는 구덩이가 작아서 크게 자라지 않을 거라고 생각했지만, 10년쯤 관리하다 보니 2층 높이로 보기 좋게 자랐고 그 무렵 꽃도 피기 시작하여 지금은 많은 꽃을 피우고 있다. 꽃이 피기까지 긴 시간이 걸리는 경우가 있다는 사실을 새삼 깨닫게 되었다.

가지치기 방법 90쪽 '노각나무' 참조.

병충해 흰가루병에 걸리기 쉽지만 농약을 쓰지 않는다면 노랑무당벌레(사진은 99쪽)가 와서 균을 먹어치울 것이다.

1 가지치기 전(가을). 낙엽이 지기 직전의 꽃산딸나무. 곧 동면이 시작되므로 과감하게 가지치기할 수 있다. 뒤에 널린 빨래가 비쳐 보일 정도로 성글게 쳐냈다.
2 가지치기 후(가을)
3 아름다운 순백색의 꽃
4 열매
5 꽃눈. 단풍철에 이미 나와 있으므로 가지치기할 때 눈을 자르지 않도록 주의한다.
6 흰가루병에 잘 걸린다.
7 흰가루병도 현미경으로 확대해서 보면 아름답다(사진: 이자와 마사나(伊沢正名) 제공).
8 붉은미국산딸나무

부용과 무궁화

부용: 아욱과 낙엽관목　　무궁화: 아욱과 낙엽관목

● 가지치기 시기 11월~이듬해 3월　　● 꽃 8~10월

● 병충해 부용은 흰가루병, 무궁화는 진딧물 / 둘 다 줄노랑꼬마밤나방, 왕붉은잎큰나방

● 둘 다 하루살이 꽃을 피우고 양지를 좋아한다.

부용을 보면 여름방학 직전에 초등학교 학급 화단에 부용을 심었던 어릴 때 추억이 떠오른다. 그리운 추억의 꽃인 부용은 자라면서 옆으로 퍼지듯 무성해지고 무궁화는 세로로 뻗어 오르듯 무성해진다. 무궁화 줄기는 회색, 부용 줄기는 녹색을 띠며 품종은 무궁화가 더 다양하다. 부용 중에는 꽃이 아침에는 흰색, 오후에는 분홍색, 저녁에는 빨간색으로 변하는 삼취부용(술에 취한 것처럼 얼굴색이 변한다는 뜻으로 '취할 취' 자를 써서 삼취三醉 부용이라고 부른다)이 있다.

가지치기 방법　부용은 낙엽이 질 때 굵은 가지를 과감히 짧게 잘라 가지를 갱신하고, 무궁화는 직립한 가는 가지 3~5개만 남기고 과감하게 다 자른다. 잔가지까지 모두 자른다.

1 가지치기 전의 무궁화 **2** 무궁화 꽃. 색은 다양하다. **3** 가지치기 후의 무궁화 **4** 부용 꽃 **5** 왕붉은잎큰나방 유충 **6** 줄노랑꼬마밤나방 유충

목련과 자목련

목련과 낙엽교목
- 가지치기 시기 11월~이듬해 2월
- 꽃 자목련은 4~5월, 목련은 3월
- 병충해 거의 없음 / 가끔 깍지벌레, 목련잎벌

목련이라고 하면 대체로 백목련을 가리킨다. 원래는 보라색 꽃만 자목련으로 따로 떼어 부르지만, 조경업자들이 혼동을 피하기 위해 목련도 굳이 백목련으로 구분하여 부르고 있다. 최근에는 매그놀리아라는 이름의 해외 원예종도 많이 유통된다.

자목련은 대부분 3~4 m 정도의 크기로 관리할 수 있어서 주택가의 정원에서 키우기에 적합하다. 그러나 일본에서 인기가 많은 순백색의 백목련은 방치하면 20 m 정도의 큰 나무가 된다. 그렇다고 키를 낮춰 관리하면 꽃이 부실해지므로 전선이 지나다니지 않는 상당히 넓은 공간을 확보해야만 백목련의 장점을 살릴 수 있다.

1 백목련이 서 있는 모습
2 자목련이 서 있는 모습
3 자목련 꽃. 바깥쪽은 보라색이지만 안쪽은 흰색이다.
4 자목련의 변종
5 요즘 인기를 끄는 매그놀리아자목련. 꽃잎의 보랏빛이 진하고 안쪽도 그다지 희지 않다.

1 가지치기 전의 자목련 **2** 가지치기 후의 자목련 **3** 자목련에서 발견한 발생한 줄솜깍지벌레. 손으로 잡아 죽이면 된다. **4** 백목련에 앉아 꽃을 쪼려 하는 직박구리 **5** 꽃 피는 계절에 꽃봉오리가 갈색으로 변하는 것은 직박구리 때문이다.

가지치기 방법 가지가 위를 향해 똑바로 자라므로 가지치기가 쉽지 않다. 억세게 웃자란 가지를 최대한 제거하고 전체 균형을 보아 가며 솎아 낸다. 자목련도 백목련과 비슷한 방법으로 가지치기한다.

병충해 얼마 전에 벌어지기 직전의 백목련 꽃봉오리들이 지저분한 갈색으로 변해 있는 것을 발견했다. 알아보니 직박구리가 꽃봉오리를 쪼아서 그렇게 된 것이었다. 그 장면을 보았다는 사람도 많았고 우리도 현장을 직접 목격했다. 그 외에도 이따금 줄솜깍지벌레 등 깍지벌레가 출현한다.

1 가지치기 전의 백목련
2 자목련의 열매
3 백목련의 열매
4 별목련의 꽃
5 가지치기 후의 백목련

참빗살 나무

노박덩굴과 낙엽소교목
- 가지치기 시기 11월~이듬해 2월
- 꽃 5~6월 ● 열매 10~12월
- 병충해 노랑털알락나방, 노랑배허리노린재

우리 집에도 참빗살나무가 있다. 20년 전에 이사했을 때부터 이미 상당한 크기로 자라 있었던 나무다. 해가 잘 들지 않는 곳에 심어서인지 해마다 노랑털알락나방 유충과 노랑배허리노린재가 대량으로 발생했지만 아무렇지도 않게 철마다 수수한 꽃을 피우고 사랑스러운 열매를 맺는다. 이 열매를 새들이 좋아하는지 동박새, 쇠딱따구리, 딱새, 곤줄박이, 휘파람새 등이 찾아온다. 특히 동박새와 쇠딱따구리가 참빗살나무 열매를 무척 좋아하는 것 같다. 물론 직박구리도 날아온다. 이처럼 새들의 휴게소가 된 덕분인지, 노랑털알락나방 유충과 노랑배허리노린재가 대량으로 발생했다가도 매번 자연스럽게 진정되므로 별 탈이 없다. 게다가 그 덕분에 우리는 집에서 편하게 새를 관찰할 수 있다.

가지치기 방법 90쪽 '노각나무' 참조.

1 우리 집의 참빗살나무
2 노랑배허리노린재. 참빗살나무 열매를 빨아먹고 있다.
3 허물을 벗는 노랑배허리노린재
4 노랑털알락나방 성충 (유충 사진은 73쪽)

광나무

물푸레나뭇과 상록관목
● 가지치기 시기 6~7월, 11~12월 ● 꽃 6월 ● 열매 11월
● 병충해 거의 없음 / 가끔 깍지벌레, 굵은무늬저녁나방, 무당잎벌레, 흰가루병
● 땅에서 싹이 잘 튼다.

심은 적도 없는데 어느새 원래부터 있었던 것처럼 정원의 한 자리를 차지하고 있는 나무다. 아마 새의 배설물 속에 있었던 싹이 발아했을 것이다. 그러고 보면 새가 이 나무의 열매를 어지간히 좋아하는 것 같다. 실생을 그대로 두면 상당히 크게 자라므로 저절로 싹이 트더라도 정원에 필요 없다고 판단되면 뽑아 없애야 한다. 바싹 잘라도 금세 무럭무럭 자라니 눈에 띄는 즉시 뿌리를 뽑자.

가지치기 방법 맹아력이 강하므로 과감하게 잘라도 된다. 어떤 가지를 심으로 삼아 어느 정도 높이로 키울 것인지 일찍부터 정한 후 심을 끊어 더 커지지 않도록 한다. 심을 과감하게 자른 뒤 웃자란 드센 가지를 솎아 내고 새로 난 작은 가지를 남겨서 부드러운 느낌으로 마무리한다.

1 가지치기 전. 기본은 대체 자르기지만, 이 사진의 나무는 너무 무성해져 있어서 깎아 다듬기로 모양을 다듬은 후에 가지를 솎았다.
2 가지치기 후

단풍나무

단풍나뭇과 낙엽교목
● 가지치기 시기 6~7월(가볍게), 11월 중순~12월, 2월
● 꽃 4월 ● 열매 10월
● 병충해 쐐기나방, 진딧물, 깍지벌레, 재주나방, 흰가루병

단풍나무는 산지에서도 잘 자라지만 가을에 잎이 붉은색이나 노란색으로 아름답게 물들어 흔히 정원과 공원에서 가꾸고 있다. 잎이 가을철에 붉게 변하는 데서 생긴 이름이지만 사계절 동안 잎이 푸른 종류도 있다. 생장속도가 빠르고 맹아력이 좋다.

가지치기 방법 단풍나무는 자연의 정취를 즐기기 위한 정원수이므로 되도록 가지 솎기로 자연 수형을 만드는 것이 좋다. 같은 곳을 계속 자르면 층층형(172쪽)처럼 되어 버리는데, 그럴 경우 단풍

1 가지치기 전. 드세게 웃자란 가지를 대체 자르기하고 선 가지와 얽힌 가지를 솎는다. 분기점 부근의 잔가지를 깔끔하게 제거한다. 여름철 가지치기로 잎과 가지를 너무 많이 제거할 경우 줄기가 직사광선에 노출되어 갈라지거나 썩을 수 있으니 주의하자. **2** 가지치기 후

1 일본단풍나무의 꽃 **2** 단풍나무 씨앗 **3** 나무 찌꺼기 **4** 하늘소 유충의 흔적. 구멍을 철사로 찌르고 된장을 바른다. **5** 단풍나무에 둥지를 틀고 애벌레를 잡아먹는 쌍살벌 **6** 검정재주나방 유충 **7** 긴띠재주나방 유충 **8** 쐐기나방의 고치. 각각 모양이 다르다. **9** 왕청벌 **10** 긴꼬리산누에나방 유충

나무의 매력이 사라지므로 대체 자르기해서 전체적으로 하나의 덩어리가 되도록 하자.

단풍은 금속 날을 싫어하니 되도록 손으로 가지를 꺾어서 손질해야 한다는 말도 있는데 사실은 그렇지 않다. 평범한 가위나 톱을 써도 괜찮다. 자르는 법은 90쪽 '노각나무'를 참조하자.

병충해 통풍이 잘 되지 않는 곳이나 수목이 밀집한 곳에서는 흰가루병에 걸리기 쉽다. 그러나 농약을 사용하지 않는다면 노랑무당벌레(사진은 99쪽)가 와서 흰가루병의 균을 먹어치울 것이다.

쐐기나방도 종종 출현한다. 그러나 쐐기나방에 기생하는 왕청벌이라는 기생벌도 있다. 우리 집에 이 벌이 온 것을 본 적이 있는데, 마치 하늘을 나는 보석처럼 아름다워서 눈을 뗄 수가 없었다.

단풍나무 잎을 갉아먹는 긴꼬리산누에나방의 유충은 자연의 산지 등에서 자주 발견된다. 그러나 도시에서는 거의 발견되지 않으니 걱정하지 않아도 된다.

하늘소 유충의 피해도 자주 발생한다. 그러므로 나무에 유충의 흔적인 나무 찌꺼기(사진 **3**)가 붙어 있지 않은지 자주 살펴보자. 발견하는 즉시 근처의 벌레 구멍을 철사로 찌르고 된장을 바른다(사진 **4**). 건강한 나무에는 하늘소 유충이 잘 생기지 않고 약해진 나무가 피해를 당하기 쉽다.

월계수

녹나뭇과 상록교목
- 가지치기 시기 6월 하순~12월
- 꽃 4월 ● 열매 10월
- 병충해 깍지벌레, 진딧물, 그을음병
- 양지를 좋아한다.

잎에서 좋은 향기가 나서 주로 향신료로 쓰인다. 대개 건조된 상태로 시판되지만 생으로 이용해도 향기가 좋다.

가지치기 방법 성장이 빨라서 한 해에 두 번쯤 가지치기를 해야 한다. 가지를 중간 자르기하면 투박한 인상이 되어 버리니 웃자란 가지를 되도록 밑동까지 더듬어 잘라 부드러운 느낌을 내자.

방치해서 너무 커졌다면 중심 가지를 희망하는 높이보다 과감하게 낮게 자른 다음, 절단한 곳이 훤히 들여다보이지 않도록 주변 가지와 잎으로 덮자. 즉 주변 가지와 잎이 희망하는 높이가 되도록 하고 심은 그것보다 낮게 자르는 것이다. 이 정도의 강전정은 2월의 혹한기와 8월의 혹서기를 피해서 실시해야 한다.

병충해 그늘에 심으면 깍지벌레와 진딧물이 생기기 쉽다. 깍지벌레와 진딧물이 뱉어내는 감로에 곰팡이 균이 번식하면 잎이 불에 탄 것처럼 거무튀튀해지는데 이를 그을음병이라 한다. 이 병이 심해지면 광합성을 못 하게 되어 나무가 약해지고 다른 병충해도 잦아진다.

1 납작한 삼각형 물체는 넓적깍지벌레, 흰 밀랍 같은 물질에 뒤덮인 채 가루를 뱉어내는 것이 가루깍지벌레다. **2** 진딧물 **3** 그을음병 **4** 애홍점박이무당벌레의 번데기 **5** 애홍점박이무당벌레의 성충

1 가지치기 전. 웃자란 가지 여러 개가 튀어나와 있으니 밑동에서 자른다.
2 월계수 꽃
3 월계수 꽃봉오리
4 가지치기 후

비파나무

장미과 상록소교목

● 가지치기 시기 2월과 8월을 제외한 아무 때나(열매를 얻고 싶다면 본문 참조)

● 꽃 11~12월 ● 열매 이듬해 6~7월

● 병충해 차독나방, 진딧물, 배노랑버짐나방, 먹무늬재주나방, 청동풍뎅이

크게 자라기 때문에 좁은 장소에는 적합하지 않다. 잎도 두껍고 커서 남쪽에 심으면 집에 해가 잘 들지 않는다.

'비파를 심으면 병자가 생긴다'라고 말하는 사람이 있는데, '비파 옆 의사 바쁘고 귤 옆 의사 망한다'라는 일본 속담 때문에 그런 오해가 생겼는지도 모르겠다. 이 속담은 비파 열매가 물드는 6월경에는 장마가 와서 습기가 많아지고 일교차가 커지므로 병자가 많이 생겨 의사가 바빠지고, 홍귤(감귤류의 일종. 산미가 강해 생식에는 적합하지 않음)이 붉게 물드는 10월경에는 기후가 쾌청해져 병자가 줄어드니 의사가 한가해진다는 뜻이다. (우리나라에는 반대로, '비파나무 한 그루면 집안에 병자가 없다'라는 속담이 있다. 실제로 비파의 열매와 잎 그리고 씨는 기관지, 염증 등에 다양한 효과를 발휘한다고 한다.)

그러나 비파는 병자를 만들기는커녕 민간요법에 아주 요긴하게 쓰이는 나무다. 묵은 잎을 잘게 썰어 소주나 화이트리큐어(연속식 증류기로 얻은 에탄올에 물을 타서 만든 도수 36% 미만의 술. 일본의 주세법상 소주를 가리킨다. 무색투명하고 맛도 냄새도 없는 순수한 알코올 용액에 가깝다.)에 담가 두었다가 벌레 물린 곳이나 염증 부위에 바르면 효과가 있다고 한다. 그래서 요즘은 '열매를 얻지 못하더라도 잎 때문에 심고 싶다'라고 의뢰하는 사람이 많다.

가지치기 방법 과감하게 가지치기하여 어두운 느낌이 들지 않도록 하는 것이 중요하다. 꼭대기를 줄이는 동시에 주가 될 곁가지

1 가지치기 전 **2** 가지치기 후 **3** 비파 꽃은 늦가을에서 겨울 사이에 핀다. **4** 배노랑버짐나방의 유충. 사스레피나무와 국수나무 등에 서식하는 벌레인데 이때는 웬일인지 비파 잎을 갉아먹고 있었다. **5** 가끔 차독나방이 발생한다.

(중심 가지에서 옆으로 난 가지)를 남기면서 모양을 만들어 나가자(가지를 얼마나 남기느냐는 나무마다 다름). 전체 균형을 보아 가며 하늘이 비쳐 보일 정도로 가지를 솎는다.

열매를 수확하려면 꽃눈이 맺히기 시작할 때 꽃눈을 잘 남기고 가지치기해야 한다. 모든 가지 끝에 꽃눈이 맺혔다면 꽃눈 수를 절반 정도로 줄이자.

성장이 어느 정도 마무리되기까지는 열매를 얻기 어렵다. 묘목, 또는 강전정으로 크기를 제한당한 나무는 성장에 에너지를 다 써 버려서 열매를 거의 맺지 않기 때문이다. 열매가 필요 없다면 혹서기와 혹한기를 제외하고 아무 때나 가지치기를 해도 된다.

column 새 둥지

아래 사진은 주택가의 정원에 있는 몇몇 정원수에서 찾아낸 새 둥지들이다. 비둘기 둥지 두 개, 동박새 둥지 하나, 직박구리 둥지 하나까지 총 네 개다. 10평쯤 되는 그다지 넓지 않은 정원인데도 둥지가 이렇게 많았던 것이다. 심지어 이것들은 이미 쓸모를 다한 빈 둥지들이고, 현관 옆 가시나무에 알을 품고 있는 직박구리의 둥지가 아직도 하나 더 있다.

새들은 대체로 무농약 정원을 좋아한다. 생물학자 레이첼 카슨(Rachel Carson)에 따르면, 농약이 뿌려진 곳에 있었던 지렁이를 열한 마리 먹으면 새가 죽는다고 한다.

우리가 정원을 무농약으로 관리하게 된 후로 새가 많이 찾아온다고 말하는 고객이 많다. 새들은 생태계의 상위에 위치하므로 가을에는 식물의 열매를 먹고 열매가 별로 없는 봄철과 여름철에는 애벌레와 털벌레 등 다양한 곤충을 먹는다.

실제로 정원 일을 하다가 동박새가 진딧물을 쪼아 먹는 장면을 목격한 적도 있다. 또 부리에 애벌레 여러 마리를 물고 새끼들에게 날아온 박새를 본 적도 있다. 따라서 '새가 찾아오는 정원에서는 농약을 쓰지 않더라도 특정 병충해가 심각하게 번지지 않는다'라고 단언할 수 있다.

무엇보다 아침에 새 소리를 들으며 눈을 뜨는 것이 무척 기분 좋다.

주택가의 정원수에서 찾아낸 새 둥지들. 왼쪽부터 시계 방향으로 비둘기, 동박새, 비둘기, 직박구리의 둥지

가지가 직각으로 자라는 나무

가지가 부드러운 포물선을 그리지 않고 직각으로 자라는 경우에는 가치지기가 쉽지 않다. 이런 나무는 대체 자르기만 하다 보면 가지 끝에 꽃눈이 생기지 않을 수도 있다. 직각 가지의 모양을 살리면서 가지를 균형 있게 배분하여 나무 모양을 만들어 보자.

가지치기하기

❶ 가지치기는 기본적으로 꼭대기부터 시작한다. 원하는 높이를 정해서 중심 가지를 남기고, 차례차례 밑으로 내려가며 대체 자르기한다. 나무 모양과 가지 배분에 주의하며 진행한다. ❷ 빨간색으로 표시한 가지를 전부 자른다. 가지 모양에 따라 대체 자르기, 중간 자르기, 가지 솎기를 한다. ❸ 웃자란 가지는 기본적으로 밑동에서 잘라 제거하지만, 가지가 직각인 나무의 경우 가지 배분을 보아가며 중간 자르기하여 나무 모양을 만들어야 한다. ❹ 전체적인 가지 배분에 따라 얽힌 가지라도 남겨야 할 때가 있다.

굵은 가지부터 차례차례 가지치기한 후 대략의 나무 모양이 눈에 들어오면 얽힌 가지를 제거한다.

가지치기 전

매화나무처럼 가지가 직각으로 자라는 나무, 또는 직각에 가까운 각도로 자라는 나무의 경우, 선 가지를 다 잘라 버리면 가지가 거의 없어진다. 나무의 장점을 살리려면 직각으로 자란 가지라도 전체 균형을 고려하여 남겨야 한다.

봄부터 초여름 사이에 자란 가지가 정착하는 6월 이후에는 강전정을 피한다. 낙엽이 질 때는 꽃눈을 남기면서 가지치기하자.

가지치기 후

그림에서는 가지 끝이 생략되어 있지만, 부드럽고 가는 가지를 최대한 남겨야 나무 모양이 쉽게 안정된다. 꽃나무, 과일나무 중에는 가는 가지, 짧은 가지에 꽃눈이 맺히는 수종도 있으니 너무 많이 쳐내지 않도록 하자.

매화나무 –매실나무

장미과 낙엽소교목
● 가지치기 시기 12월~이듬해 1월, 6월
● 꽃 2~3월 ● 열매 6월
● 병충해 깍지벌레, 진딧물, 애흰무늬독나방, 무늬독나방, 흰독나방, 주머니나방, 잎오갈병

열매인 매실을 얻기 위해 수분목을 심는다면 같은 시기에 꽃이 피는 홍매실 또는 청매실 품종이 있다. (암수한그루라 해도 계속 한 그루만 있다 보면 열매가 점점 부실해지고 병충해에도 약해지기 쉽다. 따라서 열매를 얻기 위해 과일나무를 심을 경우 품종이 다른 나무를 수분용으로 함께 심는 것이 좋다.) 이 품종들은 열매가 크다.

정원이 작아 한 그루만 심어 매실을 얻고 싶다면 풍후매(열매가 큼), 소립남고(열매가 보통 크기)처럼 스스로 결실(자가 수분)하는 품종이 좋을 것이다.

가지치기 방법 보통 1월쯤 가지치기를 하라고 하지만, 사실 매화나무는 5~6월에 폭발적으로 성장한다. 그것이 신경 쓰인다면 매실을 수확할 때 웃자란 가지 중 굵고 눈에 띄는 것들만 솎아서 모양을 다듬어도 괜찮다. 드센 것은 밑동에서 자르고 나머지는 20~30 cm를 남기고 중간 자르기한다.

과감한 가지치기로 나무 크기를 3분의 2 정도로 줄이고 싶다면 12월에서 이듬해 1월 사이에 가지치기를 하자. 이미 꽃눈이 맺혔을 때이므로 꽃눈을 눈으로 보고 남길 수 있다.

가는 가지를 중간 자르기할 경우, 가지를 길게 남기면 꽃이 많이 필 것이고 짧게 남기면 열매가 적어지는 대신 크고 맛있어질 것이다. 가지치기로 열매따기의 효과를 누릴 수 있는 것이다(열매따기란, 열매가 너무 많이 열리면 각 열매의 크기가 작아지고 무게 때문에 가지가 부러질 수 있으므로 한 가지에 한두 개만 남기고 따 버려서 열매를 소수 정예로 만드는 일을 말한다). 단, 매화나무를 대체 자르기로만 손질하면 가지 끝에 꽃눈이 생기지 않는다.

1 가지치기 전. 웃자란 억센 가지를 밑동에서 잘라 정리한 다음 빽빽한 부분을 솎는다. 다른 수종이었다면 제거했을 얽힌 가지까지 가지 배분을 생각하여 남겨 두어야 매화나무 특유의 매력을 살릴 수 있다.
2 가지치기 후
3 깎아 다듬기로 손질한 매화나무. 꽃은 많이 피지만 자연스러운 매력이 사라졌다.
4 흰 매화꽃
5 붉은 매화꽃
6 풍후매(매화나무의 품종)의 꽃. 한 그루만으로도 결실하므로 좁은 면적에서 열매를 얻고 싶은 사람에게 추천한다.

일본 중세의 대표적인 미술 유파인 린파와 가노파의 매화 그림을 보아도 알 수 있듯이, 매화는 좌우로 구부러진 가지와 직각에 가까운 가지로 이루어져 있다. 그러니 오히려 그것들을 균형 있게 조화시키는 것이 중요하다.

가지 배분을 고려하여 직각으로 난 가지를 살리면서 나무 모양을 만들어 나가자. 또 가지 중간을 자르면 매화나무의 장점을 강조할 수 있으니 중간 자르기를 적극적으로 실시하자.

병충해 요즘 공깍지벌레의 피해가 특히 심각한데, 농약을 쓰지 않는다면 홍점박이무당벌레와 애홍점박이무당벌레가 와서 깨끗이 먹어치워 줄 테니 걱정할 것 없다. 이 무당벌레들은 유충일 때나 성충일 때나 깍지벌레를 먹는다. 이것들이 있는 정원에서 공깍지벌레를 찾아 손으로 눌러 보면 이미 진액이 빨려서 안이 텅 비어 있는 것을 알 수 있다.

그런데 이 무당벌레들의 유충과 번데기가 징그럽게 생겼다는

1 오갈병. 어린잎에 발생하기 쉽다. 균이 일으키는 병이기 때문에 완치는 어렵지만 콤포스트 차나 쇠뜨기 차를 살포하면 어느 정도 줄일 수 있다. **2** 공깍지벌레 **3** 매화나무의 진딧물 **4** 애홍점박이무당벌레 유충. 등에 특이한 흰 술이 나 있으며 만지면 가렵다. **5** 무늬독나방 유충 **6** 흰독나방 유충. 매화나무에는 무늬독나방과 흰독나방이 발생한다. 등 앞쪽의 주황색 선이 Y자 모양인 것이 흰독나방이다. 만지면 가려우니 주의하자.

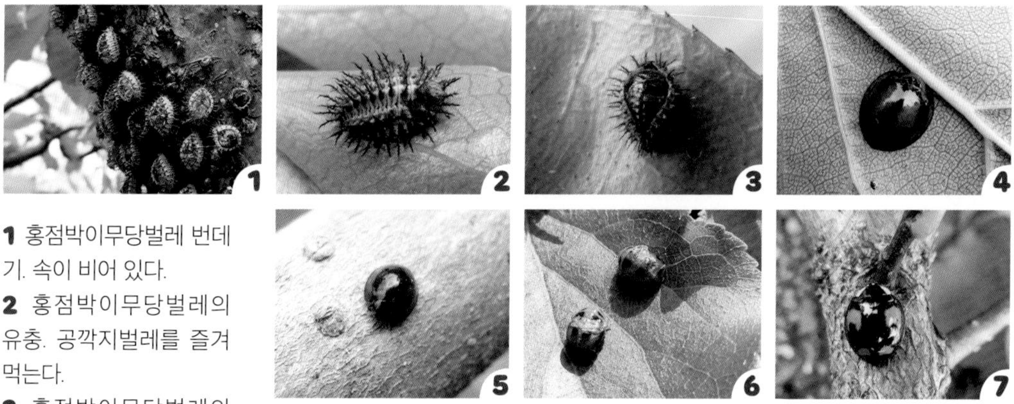

1 홍점박이무당벌레 번데기. 속이 비어 있다.
2 홍점박이무당벌레의 유충. 공깍지벌레를 즐겨 먹는다.
3 홍점박이무당벌레의 번데기
4 홍점박이무당벌레의 성충. 루비처럼 아름답다.
5 애홍점박이무당벌레. 깍지벌레를 먹고 있다.
6 무당벌레의 번데기
7 무당벌레의 성충. 등딱지의 무늬가 제각각 다르다.

이유로 해충으로 오해하고 없애려는 사람이 있다. 유충과 번데기, 성충의 모습을 각각 잘 기억해 두자.

오갈병은 새잎이 화상을 입은 것처럼 쪼글쪼글해지는 병인데 한 번 걸리면 해마다 같은 증상이 나타난다. 그래도 나무가 마르지는 않는다. 진딧물이 균을 전염시킨다는 말이 있지만 정확한 원인은 밝혀지지 않았다. 균이 활동하기 시작하는 봄에 콤포스트 차나 쇠뜨기 차(209쪽)를 뿌리면 피해를 줄일 수 있다.

서부해당

장미과 낙엽소교목

● 가지치기 시기 1~2월 ● 꽃 4월

● 병충해 진딧물, 차잎말이나방, 붉은별무늬병

가지치기 방법 130쪽 '매화나무' 참조.

병충해 서부해당을 키울 때 가장 신경 쓰이는 것은 붉은별무늬병이다. 이 병에 걸리면 잎 앞면에는 노르스름하고 울퉁불퉁한 점이 생기고 잎 뒷면에는 빨간 말미잘 촉수 같은 것이 돋아난다. 섬향나무 등의 향나무류에서 날아온 곰팡이균이 이 병을 일으키는 것이니 향나무 근처에는 해당화, 모과나무, 산당화 등을 심지 않는 것이 안전하다.

그래도 꼭 심어야겠다면 평소에 잎을 잘 관찰하면서 병에 걸린 잎을 초기부터 철저히 제거해야 한다. 물론 그 잎을 낙엽 퇴비 등에 넣어서도 안 된다. 곰팡이 포자가 날리지 않도록 조심하여 태우거나, 그럴 상황이 안 된다면 비닐봉투에 밀봉하여 일반쓰레기로 버리자.

1 가지치기 전 **2** 가지치기 후 **3** 꽃 **4** 붉은별무늬병에 걸린 잎 뒷면. 말미잘 촉수 같은 균사가 자라고 있다. 중간 매개체는 향나무다.

산당화 –명자나무

장미과 낙엽관목
- 가지치기 시기 5~6월, 11~12월
- 꽃 2~4월 ● 열매 7~8월
- 병충해 진딧물, 붉은별무늬병

빨간 꽃, 분홍 꽃, 흰색과 빨간색이 섞인 꽃을 피운다. 산당화 열매를 담가 만든 과실주에는 피로를 풀어 주는 효과가 있다고 한다.

가지치기 방법 방치하면 가지가 어지럽게 나므로 가을철에 꽃눈

1 가지치기 전. 거의 모든 가지가 얽혀서 자라므로 겹친 가지만 정리하고 전체 가지 배분을 보아 가며 가지 수를 조정한다. **2** 가지치기 후 **3~5** 굵고 길게 자란 가지는 가는 가지가 갈라져 나오는 분기점에서 자른다.

을 남기면서 가지치기하자. 가지치기 방법은 130쪽 '매화나무'를 참조하자.

병충해 붉은별무늬병에 걸리기 쉬우니 향나무와 섬향나무 등 향나무 근처에는 심지 말아야 한다. 병이 발생한 잎은 신속히 제거한다(134쪽).

감나무

감나뭇과 낙엽교목
- 가지치기 시기 6월 하순~7월 초순, 12월~이듬해 2월
- 꽃 4~6월 ● 열매 10~11월
- 병충해 쐐기나방, 감꼭지나방, 굴파리, 흰가루병, 둥근무늬낙엽병

감나무는 동양인에게 친숙한 과일나무 중 하나다. 그러나 요즘은 지방 도시의 인구가 감소하여 열매를 딸 사람이 없다 보니 직박구리와 까치, 물까치가 감을 따 먹는 일이 많다. 나도 밤에 산에 갔다가 물까치가 떼로 몰려 감을 먹는 장면을 본 적이 있다. 감을 그대로 두지 말고 꼭 따기 바란다. 그래야 짐승이 나무에 피해를 주지 않는다.

가지치기 방법 감나무를 과감히 가지치기하려면 낙엽이 지는 12월~이듬해 2월까지 기다려야 하지만, 봄에 가지와 잎이 무성하게 나서 통풍이 나빠졌다고 느껴지면 6~7월에 열매따기를 겸해 가

1 가지치기 전. 하늘을 향해 웃자라는 가지가 많은데 기본적으로는 전부 자른다. 감은 거의 짧은 가지에 열린다. **2** 가지치기 후 **3** 열매가 맺히기 시작한다. **4** 가지가 휠 정도로 많이 열린 열매(사진: 이와타니 미나에 제공)

지치기를 해도 된다. 상한 과일, 벌레 먹은 과일, 위쪽으로 달린 과일 등을 따고, 얽힌 가지 등을 솎아 내는 것이다.

가지치기할 때는 하늘을 향해 수직으로 웃자란 가지를 밑동에서 자르고 짧은 가지는 되도록 남긴다. 그리고 나머지 가지는 대체 자르기하여 나무 모양을 정돈하면 된다. 올해 결실한 가지는 이듬해에 결실하지 않으므로 감을 딸 때 가지까지 제거하는 것도 하나의 방법이다. 직접 나무에 오를 경우에는 얼핏 발을 걸칠 만해 보이는 가지라도 밑동이 부러지기 쉬우니 주의하자.

그런데 어떤 식으로 가지치기를 해도 열매를 많이 맺지 못하는 나무가 있다. 수확량이 많았던 해의 이듬해에는 나무가 쉬어야 하기 때문에 열매를 많이 맺지 않는다고 하여 '풍년과 흉년이 번갈아 온다'라는 말이 있지만, 언제나 열매가 별로 없는 나무도 있다. 이것만은 인간의 지혜를 넘어서는 일이니 감나무에게 물어보는 수밖에 없다.

감이 열리긴 했으나 아직 풋과일일 때 땅에 떨어져 버렸다는 이야기도 종종 듣게 된다. 이것은 벌레 탓이 아닐지도 모른다. 열매가 너무 많이 열린 탓에 나무가 스스로 부담을 덜기 위해 열매를

1 파랑띠쐐기나방 유충. 머리 부분에 주황색 머리핀 같은 것이 붙어 있다. **2** 꼬마쐐기나방의 유충은 우주인을 연상시킨다. 다양한 나무에 피해를 주는 쐐기나방류를 맨손으로 만지면 찌릿하게 아프다. 물집이 생길 수도 있으니 주의하자. **3** 굴파리 유충이 파먹은 잎. 이 유충의 별명은 '그림 그리는 벌레'다. **4** 둥근무늬낙엽병에 걸린 감잎

떨어뜨리는 일이 있기 때문이다. 이를 '생리적 낙과'라 한다.

병충해 감꼭지나방은 3령 유충일 때까지 감의 새순을 먹는다. 그러나 종령 유충일 때부터는 새순을 먹지 않고 열매를 파먹으면서 꼭지를 분리하여 낙과시킨다.

감잎가는나방 유충도 감나무를 공격한다. 몸길이 10 mm 내외에 암갈색 또는 진홍색을 띤 이 애벌레는 감나무 잎을 파고들어 갉아먹는다.

감나무는 사상균이 일으키는 둥근무늬낙엽병에도 걸리기 쉽다. 다만 이 병으로 열매가 없어지거나 말라 죽지는 않는다. 오히려 이 병에 걸린 후 잎이 예술적으로 아름다워졌다고 생각하는 사람이 많을 것이다.

column 나무가 썩는다면?

썩는다는 말을 부정적으로 받아들이는 사람이 많다. 하물며 나무가 썩는다고 하면 '저런, 곧 말라 죽겠구나!'라고 생각하기 쉽다. 그러나 건강한 나무는 방어층을 형성하여 부패균이 몸속으로 퍼지는 것을 방지하므로 쉽게 죽지 않는다. 심지어 일부 수종은 줄기에 상당히 큰 구멍이 뚫려도 괜찮으며 오히려 수목의 썩은 부위에 의지해서 살아가는 생물이 많다.

곤봉딱정벌레와 말벌류 등 다양한 생물이 나무의 구멍에서 월동한다. 큰 구멍에서는 올빼미가 둥지를 틀고 새끼를 키운다. 박새도 마찬가지다.

개발의 여파로 숲이 사라지고 있지만 인간이 만든 둥지 상자가 나무의 구멍을 대신하여 새들의 성장을 도울 수 있을 것이다. 우리 사회가 '썩음'에 조금 더 너그러워지기를 바란다.

가지가 늘어지는 나무 (수양형)

가지가 밑으로 늘어지는 수양형 나무를 손질할 때는 바깥눈을 남기면서 나무 모양을 정돈하는 것이 중요하다. 수양형 나무의 바깥눈이란 위에서부터 가지를 덮듯이 나온 눈으로 윗눈이라고도 부른다. 이 바깥눈을 잘라야 나무의 부피가 줄어들 것이라고 생각하기 쉽지만 오히려 바깥눈을 남겨야 부드러운 자연 수형을 만들 수 있다. 바깥눈을 남기면서 과감하게 가지치기하자.

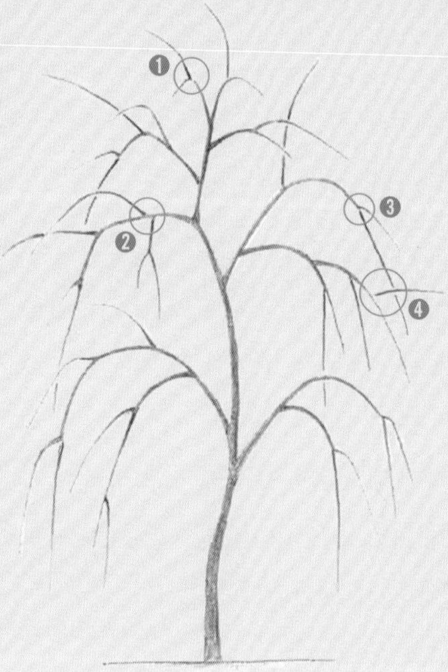

가지치기하기

❶ 가지치기는 기본적으로 꼭대기부터 시작한다. 원하는 높이를 정해서 중심 가지를 남기고, 차례차례 밑으로 내려가며 대체 자르기한다. ❷ 굵은 가지를 대체 자르기한 후 대략의 나무 모양이 눈에 들어오면 얽힌 가지를 제거한다. ❸ 바깥눈이 달린 부드러운 가지를 남기고 안쪽의 가지를 자른다. 이것이 수양형의 대체 자르기다. 빨간색으로 표시한 가지를 전부 자른다. ❹ 바깥눈이 달렸더라도 가로로 길게 뻗은 가지는 제거한다.

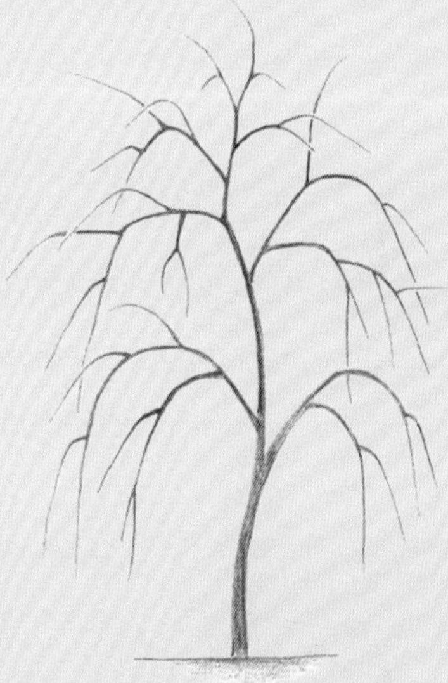

가지치기 전

낙엽이 지는 시기에는 낙엽수를 본격적으로 강전정할 수 있다. 단, 대부분의 꽃나무, 과일나무가 이 시기에 꽃눈을 맺으므로 꽃눈이 달린 가지를 남겨야 한다.
봄부터 초여름 사이에 자란 가지가 정착하는 6월 이후에는 강전정을 피한다. 꽃과 열매가 중요하지 않다면 낙엽이 지기 전에 강전정을 하여 낙엽의 양을 줄일 수도 있다.

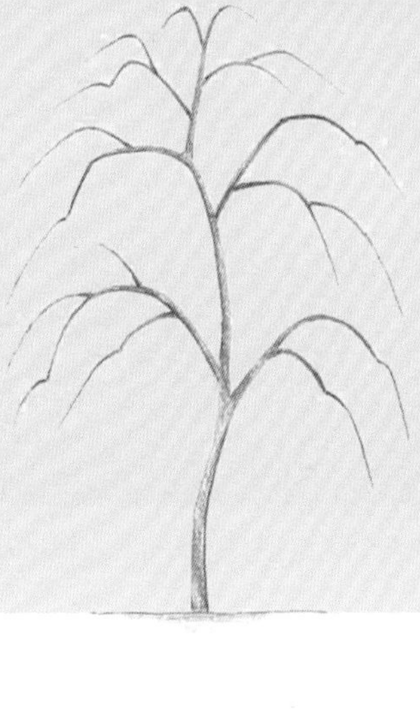

가지치기 후

그림에서는 가지 끝이 생략되어 있지만, 부드럽고 가는 가지를 최대한 남겨야 나무 모양이 쉽게 안정된다.
일부 꽃나무와 과일나무는 가는 가지, 짧은 가지에 꽃눈을 맺으니 가지를 너무 많이 쳐내지 않도록 하자.

뜰단풍

단풍나뭇과 낙엽교목
- 가지치기 시기 6~7월, 11~12월
- 병충해 하늘소 유충
- 꽃보다 잎을 즐기는 사람이 많다.

잎은 가늘게 갈라진 톱니 모양이며 가지는 축축 늘어진다. 뜰단풍 중에서도 봄부터 붉은 순이 나오는 품종을 조일단풍이라 한다. 조일단풍은 입춘 이후 가지 끝이 불그스름해지는데, 거기서 나온 새 잎은 강렬한 빨간색이었다가 한여름에 칙칙한 녹색으로 변하고 가을에 단풍이 들 때 다시 빨갛게 된다. 이처럼 잎이 붉은 나무가 하나 있으면 정원에 생기가 돌고 깊이가 생긴다.

반면 일반 뜰단풍 잎은 노란색 또는 주황색으로 물들며 빨개지지 않는다. 뜰단풍은 가지가 부드럽게 휘어진 모양이 시원스럽고도 섬세하여 일식 정원에서 특히 활약하며 서양식 정원에도 자주 이용된다.

여름에 고온이나 가뭄이 지속되면 잎이 갈색으로 변하고 쪼글쪼글해질 수 있으므로 따로 물을 주어야 한다.

1 가지치기 전. 빽빽하게 자란 잔가지를 깔끔하게 정리한다. 억세게 웃자란 가지는 바깥눈을 남기고 대체 자르기한다. **2** 가지치기 후

가지치기 방법 바깥눈(윗눈)을 남기면서 가지치기하여 크기를 줄이면 잎이 다 나왔을 무렵 부드러운 모양을 이루게 되고 크기도 잘 유지된다. 굵은 가지가 겹쳐 있으면 과감히 한쪽을 정리해야 하는데, 이런 과감한 가지치기는 겨울에 실시하도록 하자.

가지치기는 새순이 완전히 정착한 6~7월과 낙엽이 지는 11~12월이 적합하다. 여름에 강전정을 하면 줄기가 직사광선에 노출되어 갈라지거나 썩을 수 있으니 주의하자.

column 햇빛과 식물

광합성이란 식물의 엽록소가 햇빛, 공기 중의 이산화탄소, 뿌리에서 빨아올린 물을 이용해 영양분인 당을 만들어내는 과정을 말한다. 식물은 이 과정에서 공기 중으로 산소를 배출한다.

다만, 식물마다 적합한 일조량이 다르므로 무조건 햇볕을 많이 쬔다고 광합성이 원활해지는 것은 아니다. 일례로 엽란이나 만년청처럼 그늘을 좋아하는 풀을 직사광선이 쪼이는 곳에 심으면 잎이 노랗게 탄다. 또 같은 식물이라도 잎의 위치에 따라 광합성의 양이 달라진다.

오랜 진화의 역사 속에서 사람과 식물은 산소와 이산화탄소를 서로 주고받는 관계를 구축해 왔다. 따라서 우리의 폐는 잎의 일부이고 잎은 우리 폐의 일부라고 말할 수도 있지 않을까?

수양매실
-능수매실

장미과 낙엽소교목
● 가지치기 시기 6~7월, 10월~이듬해 1월
● 꽃 2~3월 ● 병충해 깍지벌레

가지치기 방법 수양매실은 과감하게 가지치기하지 않으면 가지가 서로 얽혀서 무겁고 답답해진다. 따라서 낙엽이 진 후에 가지가 어떻게 얽혀 있는지 눈으로 보며 가지를 솎아야 한다. 또 꽃을 많이 피우고 싶다면 꽃눈이 맺힌 뒤에 가지치기를 하자.

5월에 폭발적으로 자라서 너무 무성해졌다면 6~7월에 억센 가지를 솎아 내서 모양을 정돈해도 된다.

수양형은 방치하여 안쪽 가지가 시들어 버리면 크기를 줄이기 어려워지므로 반드시 해마다 가지치기를 해야 한다. 또 성장할수록 가지가 넓게 퍼져 주변을 뒤덮기 때문에 어느 정도 넓은 공간이 필요하다.

병충해 공깍지벌레가 생길 수 있지만 일반 매화나무보다는 피해를 덜 당한다.

1 가지치기 전. 부드럽고 모양 좋은 가지, 바깥눈이 달린 가지를 남기고 길게 뻗은 가지를 자른다. 가지가 너무 길어지면 정원 전체의 통풍이 나빠진다. **2** 가지치기 후

수양 벚나무 -능수벚나무

장미과 낙엽교목

- 가지치기 시기 5~6월, 11월~이듬해 1월
- 꽃 4월
- 병충해 거의 없음

일반적인 벚나무, 즉 왕벚나무의 수령은 60~80년이라고 하나 수양벚나무는 거목이 되어 천연기념물로 지정될 만큼 장수하는 경우가 많다. 우리도 고치高知현의 300년 된 수양벚나무의 뿌리 주변 흙이 사람들의 발에 밟혀 단단하게 굳지 않도록 뿌리 주변에 생울타리를 만드는 작업을 한 적이 있다. 지역에 따라 다르겠지만, 수양벚나무는 왕벚나무보다 꽃을 조금 더 늦게 활짝 피우는 듯하다.

가지치기 방법 어릴 때부터 가지치기를 하여 기운을 억제하면 거목이 되는 시점을 늦출 수 있다. 일본의 3대 벚꽃 명소 중 한 곳인 아오모리현 히로사키弘前 공원의 유명한 왕벚나무도 매해 가지치기하며 관리하다 보니 벌써 100살이 넘은 고목이 되었다고 한다.

병충해 겹꽃이나 진홍색 꽃을 피우는 원예종도 좋지만, 소위 재래종인 올벚나무 계열은 왕벚나무에 비해 병충해가 적어서 정원수로 적합하다.

1 가지치기 전. 예전 주인이 심은 이 수양벚나무는 이사했을 때 이미 2층 지붕보다 더 높이 자라 있었다. 크기를 어느 정도 줄이기 위해 모양 좋고 부드러운 가지를 남기고 드세고 굵은 가지를 솎아 냈다. 이런 과감한 가지치기는 낙엽이 진 후 겨울철에 실시한다.
2 가지치기 후

가지가 어지럽게 나는 나무

이렇게 가지가 사방팔방으로 어지럽게 나는 수종은 가지치기하기가 어렵다. 따라서 가지 배분을 우선하여 가지치기해야 하므로 보통은 잘라야 할 거꾸로 난 가지도 가지 배분을 위해 살리게 된다.

가지치기하기

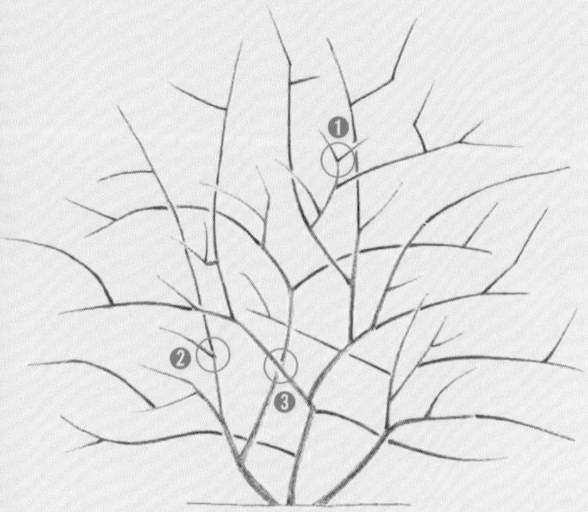

❶ 가지치기는 기본적으로 꼭대기부터 시작한다. 원하는 높이를 정해서 중심 가지를 남기고, 차례차례 밑으로 내려가며 대체 자르기한다. 나무 모양과 가지 배분에 주의하며 진행한다. ❷ 빨간색으로 표시한 가지를 전부 자른다. 크고 얽힌 가지는 나무 모양에 구멍이 나지 않도록 주의하여 중간 자르기하거나 가지 솎기한다. ❸ 크고 얽힌 가지라도 필요하다면 남긴다.

가지치기 전

크고 얽힌 가지는 나무 모양에 빈 곳이 생기지 않도록 신중하게 중간 자르기하거나 밑동에서 잘라 가지 솎기한다. 얽힌 가지를 전부 자르면 가지와 잎이 듬성듬성해지기 때문에 필요한 것을 선별하여 남긴다.
가지를 불규칙하게 배분하면 자연스러운 멋이 살아난다.

가지치기 후

그림에서는 가지 끝이 생략되어 있지만, 부드럽고 가는 가지를 최대한 남겨야 나무 모양이 쉽게 안정된다.
일부 꽃나무, 과일나무는 가는 가지, 짧은 가지에 꽃눈을 맺으므로 가지를 너무 많이 쳐내지 않도록 하자.

그리피스 물푸레나무

물푸레나뭇과 낙엽교목
● 가지치기 시기 3~12월(혹서기 제외)
● 꽃 5~7월 ● 열매 8~9월
● 병충해 거의 없음 / 가끔 굵은무늬저녁나방, 분홍등줄박각시, 무당잎벌레

부드러운 분위기의 상록수로 인기를 끌며 대개 다간형으로 길러지는 경우가 많다. 그러나 성장이 빨라서 내버려 두면 15 m까지 커지므로 심을 때는 좋아했다가 나중에 너무 커졌다며 후회하는 사람이 한둘이 아니다. 그러니 이왕 심었다면 가지치기를 게을리 하지 않아야 한다. 너무 커지면 전문가의 손을 빌려야 할 수도 있다.

땅에 심으면 성장이 빨라 크게 자라지만 화분에서 관상용으로 기르면 작게 유지하기 쉽다. 원래 오키나와沖縄 섬이 원산이라서 추운 지역에서는 생육이 어렵다(그래서 일본에서는 '섬물푸레나무'로 불린다). 물푸레나무라고 하면 야구방망이를 떠올리는 사람이 많을 텐데, 야구방망이나 곡괭이 자루, 도끼 자루는 그리피스물푸레가 아닌 재래종 물푸레나무로 만든다.

1 가지치기 전. 억세게 뻗은 가지를 대체 자르기하고 겹친 가지를 가지 솎기한다. 단, 이 나무의 경우 창 가리개로 쓰이고 있으므로 잎과 가지를 너무 많이 솎지 않는 것이 좋다. **2** 가지치기 후

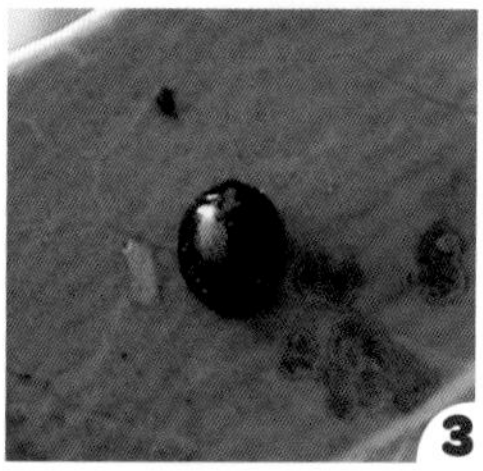

1 그리피스물푸레나무의 꽃(사진: 이와타니 미나에 제공)
2 굵은무늬저녁나방의 유충. 물푸레나뭇과 중에서도 광나무와 구골나무 잎을 주로 갉아 먹는다. 그러나 이 수종들은 요즘 정원수로 별로 활용되지 않으므로 그 대신 요즘 인기를 끄는 그리피스물푸레나무에 자주 발생한다.
3 무당잎벌레의 성충. 어쩐 일인지 그리피스물푸레나무에서 발견되었다.
4~6 분홍등줄박각시의 알, 유충, 성충

가지치기 방법 한겨울이나 한여름을 제외하고 3~12월 사이에 가지치기를 한다. 단, 10~12월에는 강전정을 피한다. 가지가 어지럽게 나는 수종이므로 전체적인 균형을 보아 가며 가지를 솎아 내고 겹친 가지를 제거한다.

희고 작은 꽃이 가지 끝에 송이를 이루어 화려하게 피지만 대부분은 해마다 강전정을 하기 때문에 꽃이 좀처럼 눈에 띄지 않는다. 기본적으로 꽃보다는 늘푸른잎을 즐기기 좋은 나무이나, 꽃을 즐기고 싶다면 꽃이 피는 초여름 이전보다는 꽃이 진 후에 가지치기를 하자. 나무가 너무 어려도 꽃이 피지 않는다.

병충해 기본적으로 병충해가 별로 없지만 가끔 분홍등줄박각시와 굵은무늬저녁나방의 유충이 출현한다. 잎벌레 종류의 유충과 성충에게도 피해를 당할 수 있다.

올리브 나무

물푸레나뭇과 상록교목

- 가지치기 시기 4월 ● 꽃 5월 하순~6월 ● 열매 늦가을에 수확
- 병충해 올리브곰보바구미, 탄저병
- 추위에 약하다.

올리브나무는 장수하는 경향이 있어 남유럽에는 수령이 1,000년이 넘은 고목도 있다고 한다. 목질이 단단하므로 식기나 도마, 수저 등의 재료로 이용된다. 부드러운 나무 모양이 일본인에게 인기가 있는 데다 현대적 건축물과도 잘 어울려서 최근에 정원수로 많이 쓰인다. 수수하고 작은 크림색 꽃도 귀엽다.

배수가 잘 되는 곳을 좋아하나 오랫동안 물을 주지 않으면 시들기도 한다. 또한 추위에도 약하다.

가지치기 책 대부분이 '동면기인 2월경에 과감한 가지치기를 하라'고 말하지만, 이렇게 추위에 약한 나무를 겨울에 가지치기해도 될지 의문이다. 유기농 올리브유를 만들어 파는 친구의 이야기

1 가지치기 전. 화단의 포인트인 올리브나무. 가지가 폭발적으로 나는 수종이기 때문에 웃자란 가지를 가지 솎기 등으로 과감히 정리하고 모양을 다듬으면서 2 m 높이로 유지하고 있다. **2** 가지치기 후

에 따르면, 이탈리아 사람들도 요즘은 4월에 가지치기를 한다고 한다. 겨울에 강전정을 한 후 갑자기 날이 따뜻해질 때가 있는데, 그러면 올리브나무가 봄이 왔다고 착각하여 새순을 틔운다는 것이다. 그런데 강전정으로 인해 잎이 줄어든 상황에서 날씨가 다시 추워지면 새순이 다 얼어버리고 나무가 약해진다. 열대성 건조한 기후에 잘 자라는 나무로 우리나라에서는 주로 화분용으로 많이 키운다.

가지치기 방법 가지가 폭발적으로 자라므로 잎의 밀도가 균일해지도록 가지를 배분하는 것이 중요하다. 성장이 빠르니 웃자란 가지를 제거하면서 과감하게 가지치기하지 않으면 금세 크게 커질 것이다.

열매를 수확하려면 올리브나무에서 올리브를 얻는 데는 꺾꽂이의 경우 5년 이상, 실생일 경우 15년 이상이 걸린다고 한다. 그만한 수령에 이르렀다 해도 그해에 새로 난 가지에 꽃이 피므로 햇가지를 최대한 남겨야만 열매를 얻을 수 있다. 비료가 부족하거나 꽃 피는 철에 비가 많이 와도 열매가 열리지 않는다. 또 한 그루만으로도 올리브를 얻을 수는 있지만 가능하면 다른 품종의 나무를 함께 심어야 수분과 결실이 수월해진다.

공간이 좁으면 가지치기로 매번 크기를 제한하게 되므로 열매를 얻기 어렵다. 그런 경우라면 열매를 수확하기보다 잎을 즐기는

1 꽃 **2** 열매 **3** 올리브곰보바구미

것을 주목적으로 삼자.

병충해 갉아 먹힌 흔적이 줄기를 빙 둘렀다면 올리브곰보바구미가 생긴 것이다. 이 곤충은 이름에 '올리브'가 들어가긴 하지만 사실은 일본 고유종으로, 옛날부터 광나무나 쥐똥나무를 조용히 조금씩 갉아 먹었다.

원래 올리브나무는 식해가 시작되면 올레오페인이라는 물질을 내뿜어 곤충을 내쫓는 특징이 있다. 그런데 올리브곰보바구미는 오히려 올레오페인으로 만복중추를 마비시켜서 올리브나무를 끝없이 갉아 먹는다고 한다. 이것이 알려지면서 무명이었던 곤충에 '올리브곰보바구미'라는 이름이 붙게 된 것이다.

은엽 아카시아 -미모사

콩과 상록소교목
- 가지치기 시기 꽃이 진 후~7월
- 꽃 3~4월
- 병충해 깍지벌레, 흰가루병, 그을음병
- 태풍이나 눈 때문에 부러지기 쉽고 추위에 약하다.

'미모사'란 원래 함수초의 별명이지만 은엽아카시아의 속칭으로도 널리 쓰이고 있다. 최근에는 잎의 색과 형태가 특이한 황금아카시아, 펄아카시아, 삼각아카시아 등 다양한 품종이 유통되고 있다.

미모사가 3월부터 일본 남부에서 노란색 솜뭉치처럼 귀엽고 작은 꽃을 피우면 꿀벌이 꿀을 가지러 온다. 꿀벌은 공격성이 거의 없어서 손으로 직접 거머쥐거나 하지 않으면 사람을 쏘지 않는 데다 다양한 식물의 수분을 돕는 고마운 존재다.

대부분 호주가 원산지인 미모사는 성장이 매우 빠르다. 그만큼 수목으로서의 수명은 짧지만 매해 가지치기를 하여 성장을 억제하면 수명을 늘릴 수 있다.

1 은엽아카시아의 꽃 **2** 이세리아깍지벌레. 방치된 은엽아카시아에 자주 발생한다(사진의 나무는 남천). **3** 가지치기 전의 은엽아카시아. 성장이 빠르므로 강전정하지 않으면 금세 크게 자란다. 잎과 가지가 무성해진 상태로 내버려 두면 태풍이나 눈 때문에 줄기가 부러지기도 한다. 그러므로 억센 가지를 대체 자르기하고 가지 배분을 고려하면서 무거워진 가지를 솎아야 한다. **4** 가지치기 후의 은엽아카시아

미모사는 추위에 약하기 때문에 추운 지역에서는 키우기 어렵다. 또 줄기와 가지가 부드러워 태풍이나 눈에 꺾이기 쉬우므로 지주를 세워 주는 것이 좋다. 사실 유기농 정원사들은 다른 식물에는 지주를 거의 쓰지 않는다. 나무는 바람에 흔들리면 뿌리를 열심히 뻗어 버티는데, 지주를 세워 주면 버티지 않아도 되므로 뿌리를 뻗지 않기 때문이다. 그래도 은엽아카시아와 유칼립투스에는 지주가 필요하다.

가지치기 방법 꽃이 진 후 7월까지 과감한 가지치기를 하여 무게를 덜어 줌으로써 태풍의 피해를 줄인다. 가을 이후에 가지치기를 할 경우에는 꽃눈을 자르지 않도록 주의해야 한다. 가지는 어지럽게 나는 편인데 눈에 띄게 웃자란 억센 가지를 솎아 내자.

1 가지치기 전의 유칼립투스. 은엽아카시아와 다른 종이지만 가지치기 방법은 거의 똑같다. 이 나무는 심은 지 얼마 되지 않아 태풍 때문에 기울어져서 지주를 든든히 받쳐 주었다. **2** 가지치기 후의 유칼립투스

일부 품종은 땅에서 줄기가 많이 올라와서 다간형이 되기 쉽다. 그럴 경우에는 지면에서 가지를 솎아 바람이 잘 통할 수 있도록 하자.

나무 모양이 비슷한 유칼립투스도 은엽아카시아와 비슷한 방법으로 가지치기하면 된다. 단, 조금 더 약한 나무인 유칼립투스는 강전정 후에 말라 버릴 수 있으니 주의하자.

병충해 은엽아카시아와 유칼립투스는 가지치기를 하지 않고 방치하면 가지와 잎이 무성해져 통풍이 나빠지고 흰가루병이나 이세리아깍지벌레가 생기기 쉽다. 이세리아깍지벌레의 분비물에 곰팡이가 슬면 나무가 검게 오염되거나 그을음병에 걸릴 수 있다.

병솔나무

도금양과 상록소교목

- 가지치기 시기 6~12월
- 꽃 5월
- 병충해 거의 없음
- 양지를 좋아하며 추위에 약하다.

붉은 솔처럼 생긴 특이한 꽃을 피우는 나무로, 정원에 심으면 강한 인상을 주기 때문에 서양식 정원에 자주 활용된다. 추위에 약해 밖에서 월동하기가 어렵다. 초여름과 가을에 꽃을 두 번 피우는 품종과 일 년 내내 꽃을 피우는 품종이 있다. 원산지는 호주이며 성장이 빠르다. 병충해가 거의 없이 건강하지만 수명은 길지 않다.

가지치기 방법 방치하면 가지가 어지럽게 나서 통풍이 나빠진다. 그러므로 꽃이 진 후에 마른 가지와 빽빽한 가지를 밑동에서 정리해야 한다. 초봄부터 자라기 시작한 햇가지 끝에 꽃이 피므로 3월 이후에 가지치기하면 꽃이 부실해진다.

1 가지치기 전 **2** 가지치기 후

보리수

뽕나뭇과 상록교목

- 가지치기 시기 12월~이듬해 2월
- 꽃 뜰보리수는 4~5월, 풍겐스보리수는 5~6월
- 병충해 잎진드기, 진딧물, 흰가루병, 그을음병
- 꽃이 피고 열매가 열리는 시기가 품종별로 다양하며 가지에 가시가 있다.

보리수도 종류가 다양하다. 일반적인 보리수는 가을에 열매를 맺으며 뜰보리수(녹비늘보리수)는 6월에 열매를 맺는다. 뜰보리수의 변종인 왕보리수는 다른 보리수보다 훨씬 큰 2 cm 크기의 열매를 맺는다. 풍겐스보리수의 열매는 흰 반점이 있어 약간 볼품이 없다.

가지치기 방법 성장기에는 1년 사이에도 껑충 자라므로 웃자란 가지를 자르고 짧은 가지를 남기면서 가지치기해야 한다. 열매를 보려면 넓은 곳에 심고 강전정을 피하자. 성장기에 매번 강전정을 하면 광합성을 하기 위해 가지와 잎을 뻗느라 에너지를 다 소모하므로 열매가 열리지 않기 때문이다. 작업할 때는 가시를 조심하자.

병충해 흰가루병에 걸리기 쉽다. 새순에 진딧물이 꼬이면 분비물에 곰팡이가 슬어 그을음병이 생기므로 나무가 거무스름하고 지저분해진다. 잎진드기도 자주 발생한다.

1 가지치기 전. 억세게 뻗은 가지를 대체 자르기하고 선 가지, 얽힌 가지를 솎는다. 열매가 열릴 짧고 부드러운 가지를 최대한 남긴다.
2 가지치기 후

석류나무

석류나뭇과 낙엽소교목

- 가지치기 시기 12월~이듬해 3월
- 꽃 5~7월 ● 열매 9~11월
- 병충해 하늘소 유충, 진딧물, 흰가루병

감상용 꽃석류, 식용 석류, 애기꽃석류가 있다. 꽃석류는 겹꽃을 피우며 대개 열매가 없다. 또 애기꽃석류도 꽃과 열매가 보통 석류보다 작아서 식용으로는 쓸 수 없다. 흔히 유통되는 석류는 왕석류로, 열매가 맛있는 반면 하늘소 유충의 피해를 입기 쉽다.

가지치기 방법 선 가지와 웃자란 가지를 제거하고 짧은 가지를 남기면 꽃이 많이 핀다. 가지에 가시 모양의 돌기가 있으니 작업할 때는 가죽장갑을 끼거나 긴 옷을 입어서 부상을 방지하자.

1 가지치기 전. 하늘을 향해 웃자란 가지가 많다. 기본적으로 전부 제거한다. **2** 가지치기 후

병충해　뿌리에 나무 찌꺼기 같은 것이 쌓여 있다면 하늘소 유충이 생긴 것이다. 대처법은 121쪽을 참조하라. 진딧물도 자주 발생하지만, 내가 직접 목격했듯이 무당벌레와 동박새가 먹어치우므로 별 문제가 되지 않는다. 흰가루병을 일으키는 균은 노랑무당벌레(사진은 99쪽)가 먹어치운다.

column　석류의 추억

젊었을 때 배낭여행을 하러 인도에 간 적이 있다. 뒤쪽이 뻥 뚫리고 장막이 달린 합승 삼륜 택시(오토릭샤)를 탔을 때의 일이다. 어머니와 함께 탄 깔끔하게 차려입은 남자아이가 장막 밖에 있던 석류 파는 남자아이가 들고 있는 소쿠리에서 석류를 하나 집어 들었고 어머니가 돈을 냈다.

그 광경이 마치 영화의 한 장면처럼 뇌리에 새겨져 있다. 석류를 팔러 온 소년도, 석류를 산 소년도 겨우 10살쯤 되어 보였다. 아마도 나는 석류를 사이에 둔 두 소년의 압도적 격차에 충격을 받았던 듯하다. 주변은 전부 빛바랜 세피아 색조였는데 오직 석류만이 빨갛게 빛나고 있었다. 그 소년들은 지금 어떤 어른이 되었을까?

부들레야 –여름 라일락

마전과 낙엽관목
● 가지치기 방법 12월~이듬해 3월
● 꽃 5~7월　● 병충해 진딧물, 탈박각시
● 꽃에서 달콤한 향기가 나므로 다양한 나비가 찾아온다. 더위와 추위를 잘 견딘다.

묘목일 때는 크기가 작아 좁은 곳에 심는 사람이 많지만, 어느 정도 넓은 공간에서 적당한 크기로 키우는 것이 보기 좋다. 꼭 키우고 싶지만 공간을 확보할 수 없다면 화분에 심자. 단, 땅 위에 화분을 두면 뿌리가 화분 바닥의 구멍을 통해 땅으로 침투하므로 화분 밑에 큰 판자 등을 깔아두고 뿌리가 나오지 않았는지 수시로 점검해야 한다.

꽃은 보라색이 일반적이지만 품종에 따라 연분홍에서 진보라까지 색이 다양하다. 흰 꽃도 가끔 눈에 띈다.

해가 잘 드는 곳을 좋아하고 질퍽한 곳을 싫어한다. 환경만 잘 맞으면 물을 거의 주지 않아도 될 만큼 건강하다. 온난한 지역에서는 겨울에도 시들지 않고 반낙엽 상태로 월동한다.

영어로 '버터플라이 부시'라고 불릴 만큼 나비가 꿀을 찾아 자주 날아오는 나무이기도 하다. 나비를 좋아한다면 한 그루 심을 것을 추천한다.

가지치기 방법　봄에 나온 가지에 꽃눈이 맺히므로 12월~이듬해 3월 사이에 지난해의 묵은 가지를 중간 자르기로 정리한다. 나무 모양이 흐트러지기 쉬우니 해마다 가지치기하여 가지를 갱신하고 꽃눈을 늘리자. 어떻게 자르더라도 새로 자란 가지 끝에 꽃이 피는 나무기 때문에 초보자에게 적합하긴 하지만, 그래서 더더욱 눈썰미가 필요하다. 때때로 나무에서 떨어져 정원 전체의 균형, 나무 자체의 균형 등을 보아가며 가지치기를 진행하자.

병충해　성장이 빨라서 금세 무성해지는데, 그러면 바람이 잘 통

1 가지치기 후. 가지 수가 적은 나무라면 중간 자르기로 나무 모양을 다듬는다. **2** 가지치기 5개월 후에 꽃을 피우기 시작한 부들레야 **3** 부들레야 꽃에 앉은 남방제비나비 **4** 표범나비의 일종 **5** 탈박각시 유충은 매우 크다.

하지 않게 되어 진딧물 등이 꼬이기 쉽다. 한 번은 탈박각시의 종령 유충을 발견했는데 성인의 손가락보다 길고 커서 깜짝 놀랐던 적이 있다. 성충은 등에 해골 무늬가 있다(이 무늬 때문에 불운의 상징으로 여겨져 영화 〈양들의 침묵〉에도 등장했다)고 들었지만 아직 직접 본 적은 없다.

자작나무

자작나뭇과 낙엽교목

● 가지치기 시기 11월~이듬해 3월 ● 꽃 4~5월 ● 열매 9월

● 병충해 하늘소 유충, 미국흰불나방, 쐐기나방, 오리나무잎벌레, 먹무늬재주나방, 매미나방

● 화학 비료를 싫어한다.

고원 등 서늘한 지역을 좋아한다. 그래서 여름에 고온다습해지는 내륙 평지에 심었더니 점점 시들시들해졌다는 이야기를 많이 듣는다. 처음에는 작은 묘목을 심어서 환경에 조금씩 적응시키는 것이 좋다. 수피가 유난히 흰 잭큐몬티라는 품종이 있는데 다른 나무에 비해 가격이 비싸다.

자작나무는 최대한 가지치기를 하지 않아야 나무 모양이 아름다워져 특유의 매력을 살릴 수 있다. 그러니 처음부터 넓은 공간을 확보하는 것이 좋다. 성장이 빨라 금세 자라는 반면, 수명은 20~30년 정도로 상당히 짧다고 한다.

화학 비료를 싫어하니 비료를 주고 싶다면 유기 비료를 적당량만 주도록 하자.

가지치기 방법 기본은 대체 자르기지만 되도록 가위를 대지 않는 것이 좋다. 한 번 가위를 대면 가지가 계속 사방팔방으로 뻗거나 아래로 처지는 등 어지럽게 나므로 아름다운 모습을 유지하기 어렵다. 전체 균형을 보아 가며 최소한의 손질로 가지를 배분하자.

수피가 하얗게 벗겨진 후에 가지치기를 하려면 한겨울에 해야 한다. 그렇지 않으면 절단된 가지에서 수액이 흘러 줄기가 지저분해진다.

1 자작나무는 가지치기를 하지 않아야 아름다운 나무 모양을 유지할 수 있다. **2** 미국흰불나방 유충 **3, 4** 넓적띠초록쐐기나방 유충. 1령 유충(**3**)과 종령 유충(**4**) **5** 흑색무늬쐐기나방 유충 **6** 꼬마쐐기나방 유충

침엽수

잎이 바늘 모양인 나무다. 소나무와 삼나무, 잎이 약간 넓은 나한송, 비늘 조각 같은 잎이 달린 화백나무와 편백나무 등이 모두 침엽수다.

침엽수는 잎이 없어지면 가지도 말라 죽는다. 그러므로 강전정을 할 때에도 잎을 어느 정도 남기는 것이 중요하다. 위쪽은 강전정으로 성글게 만들고 아래로 갈수록 무성한 느낌이 들도록 한다. 나무 꼭대기가 너무 무성하면 아래쪽의 가지부터 차례차례 저절로 말라 죽기 쉽다.

침엽수는 추위와 더위를 잘 견디는 반면 뿌리가 얕아서 건조한 기후에 약하다. 그러니 여름이든 겨울이든 물을 잘 주어야 한다.

옛날부터 일본 정원에서 사랑받았던 침엽수들은 깎아 다듬기에 강하다. 그러나 최근에 도입된 외래종들은 강한 깎아 다듬기 후 말라 버릴 수 있으니 주의하자.

침엽수는 겨울에 활동하고 여름에 휴면하는 무당벌레들의 포근한 잠자리이기도 하다.

깎아 다듬을 때는 아래에서 위로 깎아야 모양을 만들기 쉽다.

❶ 마른 가지가 안쪽에 그대로 붙어 있을 때가 많으므로 깎아 다듬기를 끝낸 후 마른 가지와 마른 잎 등을 깨끗하게 털어내 통풍을 개선한다. 그래야 안쪽에서 새순이 돋아난다. ❷ 꼭대기는 잎이 아슬아슬하게 남을 정도로 강전정하여 깎는다. ❸ 표면에 굵은 가지의 절단면이 튀어나왔다면 안쪽까지 더듬어서 자른다. ❹ 아래쪽의 잎이 너무 줄어들면 가지가 마르기 쉬우니 잎을 최대한 남기며 약하게 깎는다.

측백나무

측백나뭇과 상록교목
- 가지치기 시기 3월, 10~12월
- 꽃 3~4월, 꽃이 지면 별사탕 모양의 둥근 열매가 맺힌다.
- 병충해 거의 없음 / 가끔 삼나무독나방, 주머니나방
- 가지와 잎이 하늘을 향해 수직으로 자라며 추위와 더위에 강하다.

요즘 많이 유통되는 외래종인 황금측백은 높이가 5 m쯤 되고 겨울에는 잎이 불그스름해진다. 재래종 측백나무는 계란형으로 자라고, 황금측백 등 외래종은 원뿔형으로 자란다.

가지치기 방법 측백나무 종류는 깎아 다듬기에 강하므로 트리머나 양손 가위로 외부 형태를 다듬는다. 그렇게 몇 번쯤 깎아 다듬기를 하다가 무거워진 느낌이 들 때 가지를 솎고, 절단한 가지와 마른 갈색 잎을 손으로 흔들어서 털어낸다. 특히 가지가 갈라지는 곳에 마른 잎이 쌓여 있으면 새순이 잘 돋지 않는다.

가죽장갑을 낀 손으로 가지 안쪽까지 마사지하듯 가볍게 비비

1 측백나무를 깎아 다듬을 때는 아래쪽부터 형태를 만든다. 위로 올라갈수록 과감하게 깎는다.
2 가지 밑동의 분기점에 자른 잎이 쌓여 있다.
3 가지치기를 끝냈으면 마른 잎과 가지치기한 잎(**2**)을 손으로 흔들어서 털어낸다.
4 가지 밑동에 마른 잎이 붙어 있으니 손으로 흔들어서 털어낸다.

1 가지치기 전의 측백나무 **2** 가지치기 후의 측백나무. 위쪽을 과감하게, 아래쪽을 약하게 깎아서 아래쪽 잎을 많이 남긴다.

며 마른 잎을 털어내면 안쪽에서 새로운 잎이 나올 것이다. 그러면 다음번 가지치기 때 과감한 깎아 다듬기로 나무의 크기를 줄일 수 있다.

지주를 묶은 끈 등이 줄기를 파고들면 그 윗부분이 마를 수 있으니 주의하자.

가이즈카 향나무

측백나뭇과 상록교목

- 가지치기 시기 1~2월과 8월을 제외한 아무 때나
- 병충해 붉은별무늬병, 녹병
- 바닷바람과 대기오염에 강하다.

일부 지역에서는 배나무가 많은 곳 근처에 가이즈카향나무를 심는 것이 아예 금지되어 있다. 이 나무가 배나무에 붉은별무늬병과 녹병을 옮기는 매개체가 되기 때문이다. 붉은별무늬병을 일으키는 균은 가이즈카향나무에서 월동을 마친 후 초봄에 배나무 등 장미과 식물의 잎으로 모여든다. 배나무 외에 명자나무, 모과나무, 해당화 등이 피해를 입는다.

가지치기 방법 매해 깎아 다듬기만 하면 되니 가지치기는 어렵지 않다. 문제는 몇 년씩 방치된 나무다. 방치하면 가지가 어지럽게 자라 굵어지므로 솎아 내기도 어렵고 크기를 줄이기도 힘들다.

강전정하여 깎으면 격세유전(두 세대 이상의 유전이 진행되어 어떤 형질이 변형되거나 사라지게 된 이후, 몇 세대를 걸러서 사라지거나 변형된 표현 형질이 유기체에서 다시 나타나는 현상)에 따

1 내버려 두면 가지와 잎이 불꽃 모양으로 자란다. **2** 가지치기 후

라 가시처럼 생긴 딱딱한 잎이 나온다. 격세유전이란 원래 식물과 똑같은 성질이 나타나는 것을 말하는데, 가이즈카향나무는 향나무의 식물 세포에 변이가 일어나 가지가 변형된 품종이므로 원래 향나무의 어릴 때 특징이 나타나는 것이다.

예전에는 향나무가 금속 날을 싫어한다는 말이 있어서 손으로 잎을 따서 모양을 만들었다. 그렇게 하면 무척 부드러운 분위기를 낼 수는 있지만 결국은 점점 부피가 커지게 된다. 정원의 공간 제약을 생각하여 크기와 모양을 조정하려면 금속 날을 쓰는 수밖에 없다.

가끔 가지와 잎이 정원을 벗어나 도로를 침범하는 경우가 있다. 그러면 보행자나 자전거가 차도 쪽으로 밀려나게 되어 그 모습이 매우 위험해 보인다. 그럴 때는 다소의 격세유전을 각오하고 강전정하는 수밖에 없다.

강전정하여 통풍과 일조를 개선하면 안쪽에서 새순이 돋아날 것이다. 그러면 이듬해에 더 강하게 깎을 수 있으니, 시간은 좀 걸려도 크기를 조금씩 줄일 수 있다.

다른 침엽수처럼 잎을 다 따버리면 가지까지 말라 버리니 주의하자.

1 격세유전으로 나온 잎 **2** 가지치기 전. 한 번 커진 뒤에는 다시 줄이기 어렵다. 따라서 크기와 모양을 일정하게 유지하기 위해서는 항상 강전정해야 한다. 표면에 굵은 가지가 튀어나오면 안쪽에서 자른다.

화백나무와 편백나무 -노송

측백나뭇과 상록교목
- 가지치기 시기 6월 중순~7월 중순, 9월, 12월
- 꽃 4월 ● 열매 10월
- 병충해 거의 없음 ● 양지, 반음지

예전에는 빽빽하게 심겨 생울타리 등으로 자주 쓰였지만 지금은 오래된 정원에 남아 있을 뿐, 외래종 침엽수들이 그 자리를 대신하고 있다. 그러나 깎아 다듬기를 잘 견디고 병충해도 거의 없으나 추위에 약하다.

가지치기 방법 깎아 다듬기를 한 후 마른 잎을 손으로 흔들어 털어낸다. 너무 많이 잘라 잎이 없어지면 가지까지 마르니 주의하자.

꼭대기가 무성해지면 아래쪽 가지가 서서히 마른다. 따라서 위쪽으로 갈수록 가지를 과감히 솎아 내는 것이 좋다.

1 가지치기 전의 화백나무. 잎이 무성해지면 안쪽의 가지가 마른다. 따라서 깎아 다듬기를 하면 안쪽의 마른 가지가 밖으로 나오게 되니, 한 번의 가지치기로는 크기를 줄이기 어렵다. 그런 경우에는 종려줄기 등으로 가지를 당겨서 나무 폭을 줄인 후에 가지치기한다. 그리고 이듬해에 가지 안쪽에 잎이 나면 중간 자르기로 크기를 줄인다. 매해 이런 과정을 반복하면서 크기를 서서히 줄이면 된다. **2** 가지치기 후의 화백나무 **3** 사이타마현 한노(飯能)시의 사찰 타케데라(竹寺)에 있는 편백나무

골드크레스트 윌마 -율마

측백나뭇과 상록교목

- 가지치기 시기 1~2월과 8월을 제외한 아무 때나
- 병충해 거의 없음
- 잎을 비비면 좋은 향기가 난다.

연두색의 햇잎이 아름다우며, 가지치기를 하면 상쾌한 허브 향이 나는 나무다.

크리스마스에 샀던 작은 화분 속의 윌마를 땅에 옮겨 심었더니 엄청나게 커져 버렸다는 이야기를 자주 듣는데, 2층 지붕보다 더 크게 자라는 것도 있다. 또 손이 닿는 아래쪽만 깎아 다듬은 결과 아래쪽 가지가 흉하게 시들어 버렸다는 사람도 많다.

아마도 서구에서는 북미 원산의 이 나무를 가지치기하는 사람이 거의 없을 것이다. 깎아 다듬을 생각조차 하지 않고 자연 수형으로 방치했다가 너무 커지면 벌채하는 식으로 활용하고 있을 듯하다.

거대한 골드크레스트 윌마

가지치기 방법 가위로 깎는 것을 매우 싫어하여 깎아 다듬기를 계속하면 갈색으로 말라 버린다. 그렇지만 공간이 좁아서 방치할 수 없다면 마를 것을 각오하고 원뿔형으로 깎아 다듬는 수밖에 없다(166쪽 '측백나무' 참조). 그러므로 일찍부터 심끊기(성장의 중심이 되는 가지, 또는 줄기를 자르는 것)를 할 필요가 있다.

지면에 가까운 곳까지 자르면 새로운 가지가 자라지 않는다.

나한송

나한송과 상록소교목
● 가지치기 시기 6월, 9~10월
● 병충해 진딧물, 그을음병

강인하여 대기오염과 바닷바람도 잘 견딘다. 예전에는 문 가리개로 자주 이용되었으나(사진은 59쪽) 최근에는 그렇게 쓰는 사람이 별로 없다. 회양목, 감탕나무와 마찬가지로 깎아 다듬은 뒤 가지 솎기를 하는 수종이다. 대개 층층형이 되지만 자연 수형으로 다듬을 수도 있다. 층층형이란 가지마다 물방울이 얹혀 있는 듯한 나무 모양을 말한다. 생울타리로도 많이 쓰였으나 요즘은 거의 쓰이지 않는다.

가지치기 방법　우선 웃자란 가지부터 제거한 다음 깎아 다듬자. 매해 손질한다면 그해에 자란 만큼만 깎아내면 된다.

1 층층형으로 가지치기하기 전. 해가 잘 드는 부분은 강전정하여 깎고 북쪽이나 아래쪽은 가볍게 깎는다. 기본적으로 깎아 다듬은 후 가지가 빽빽한 부분을 솎아 준다. **2** 층층형으로 가지치기한 후

소나무

소나뭇과 상록교목

- 가지치기 방법 5월 순따기, 10월~이듬해 3월 잎털기
- 병충해 솔나방, 진딧물, 무늬독나방, 소나무재선충
- 양지를 좋아하며 메마른 땅에서도 균근균과 공생하며 생육할 수 있다.

일본에서는 '관리비가 많이 든다'는 이유로 또는 가지치기가 어렵고 '순따기'나 묵은 잎을 털어내는 '잎털기'에 노동력이 많이 들어간다는 이유로 새로 심는 사람이 거의 없다. 주택을 구입할 때 이미 식재된 소나무들도 캐내고 있다.

그러나 우리나라에서 소나무는 역사적으로나 정서적으로 신성시되고, 정원수로 가장 사랑받는 나무다. 한국 애국가에는 '남산 위에 저 소나무 철갑을 두른 듯'이라는 가사에서 볼 수 있듯이 소나무가 등장한다. 옛날에는 아기가 태어날 때 금줄에 솔가지를 꽂아 잡신의 출입을 막는 재료로 썼고, 조선시대에는 속이 누런 소나무를 황장목이라 하여 나라에서 직접 관리하였는데 궁궐을 짓거나 왕의 관을 만들 때 쓰기도 하였다.

1 왕성하게 자라난 곰솔. 이것이 가지가 된다. **2** 섬잣나무에 사랑스러운 분홍색 꽃이 피어 있다.

1 가지치기 전의 섬잣나무
2 가지치기 후의 섬잣나무

1~4 순따기 방법
1 억세게 자란 새순을 골라낸다.
2 새순을 밑동에서 뜯어낸다.
3 가지 밑동에 붙은 작은 새순은 남겨 둔다.
4 곰솔나무의 순을 따고 있다.
5 약 한 달 사이에 급격히 말라 버린 소나무. 하늘소에 기생하는 소나무재선충에 감염된 듯하다.

1 솔나방 유충. 체질에 따라 가려움증을 일으킬 수 있다. **2** 무늬독나방 유충. 가려움증을 일으키지만 차독나방만큼 독이 강하지는 않다. **3** 넓적꽃등에 유충이 있는 것을 보니 진딧물이 생긴 모양이다. **4** 넓적꽃등에 성충 **5** 달무리무당벌레. 침엽수에 날아와 쉬는 모습과 진딧물을 먹는 모습을 본 적이 있다. **6** 소나무 가지 끝에서 발견한 무당벌레 유충. 진딧물을 먹는다.

우리나라는 곰솔, 적송, 반송을 주로 식재하는데, 적송은 키가 크기 때문에 아파트 단지나 도로 가로수로 많이 심는다. 적송은 울진, 삼척 등 태백산맥을 중심으로 많이 자라는 품종으로 줄기가 붉고 곧아 매우 아름답다.

소나무는 가지를 자른 부분 아래에서는 새 가지가 돋지 않기 때문에 가지치기할 때 주의해야 한다.

병충해 우리나라에서는 솔잎혹파리와 재선충의 피해가 심하여 정부에서 각별하게 신경 쓰고 있다. 이러한 병이 의심되면 산림청에 신고하면 된다. 직접 가정까지 방문하여 검사하여 준다.

column 개미는 해충?

'개미 때문에 나무가 썩는 것 같다'라고 말하는 사람이 있다. 그러나 개미는 나무를 썩게 만들지 않는다. 오히려 나무에 자신의 집을 만들기 위해 부패균을 외부로 옮겨 준다. 그 덕분에 나무는 쉽게 방어층을 만들 수 있다.

또 톱밥 속에 개미가 있는 것을 보고 '개미가 나무를 갉아 먹는다'라고 말하는 사람도 있다. 그러나 이 또한 오해다. 개미는 하늘소 유충이 만든 구멍을 자신들이 다닐 길이나 살 집으로 만들기 위해 나무 찌꺼기를 퍼내고 있을 뿐이다.

개미는 다양한 나방의 알, 약령 애벌레, 털벌레를 먹어치운다. 작은 몸에 비해 엄청나게 힘이 센 데다, 개미 행세를 하며 먹이를 가져가는 개미집귀뚜라미, 개미에게 유충을 기르게 만드는 담흑부전나비, 개미집에서 벽 흉내를 내며 개미 알이나 유충을 잡아먹는 개미꽃등에 유충 등에게 인심 좋게 집을 제공하기도 한다. 아니, 인심이 아니라 '개미심'이라고 말해야 하려나?

1

2

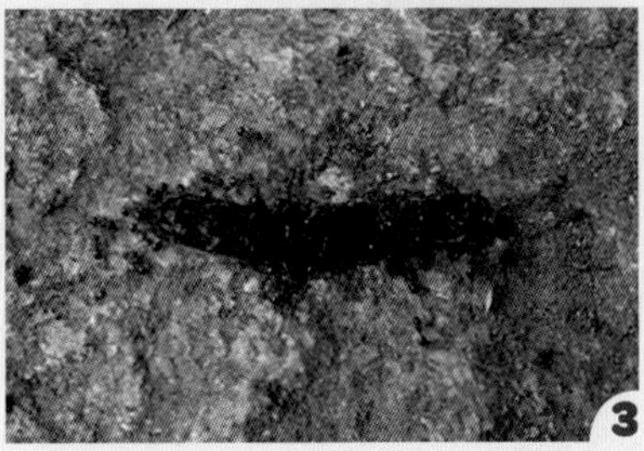

3

1 쪼개진 장작의 썩은 부위에 개미와 함께 있었던 수수께끼의 곤충. 개미꽃등에일까? 이때 처음 본 버튼홀스티치 같은 무늬가 무척 색다르다. 곤충 애호가들이 사진을 보고 흥분하여 실물을 보여 달라고 했지만 아쉽게도 장작과 함께 이미 태워 버렸다.

2 부패균을 옮기는 개미

3 도둑나방을 해체하려고 모여드는 개미

덩굴식물

덩굴성 식물은 벽에 잘 달라붙는 것과 단순히 무언가를 휘감는 것으로 나뉜다.
주가 되는 덩굴을 실수로 잘라 버리면 거기서부터 가지가 말라 버리므로 덩굴을 당겨서 잘 확인하며 잘라야 한다. 또 가지가 너무 빽빽해졌다면 지면의 분기점에서 솎아야 한다.
덩굴성 식물은 방치하면 제멋대로 자라 손쓰기 어려워지므로 제때 관리하는 것이 중요하다. 그러니 심기 전에 정말로 심고 싶은지, 대체할 식물은 없는지 잘 생각하기 바란다.

❶ 주가 될 가지를 정하고 얽히게 만들 가지를 선반이나 지주에 단단히 묶는다. 단, 그대로 방치하면 묶은 끈이 파고들어 가지가 마를 수 있으니 2~3년마다 다시 묶어야 한다. ❷ 빨간색으로 표시한 웃자란 가지는 계절에 상관없이 밑동에서 자른다. ❸ 능소화와 등나무는 낙엽이 질 때쯤 가지 밑동에 붙은 겨울눈을 남기고 중간 자르기한다. ❹ 담쟁이덩굴 등은 웃자란 가지를 밑동에서 자른다. 얽힌 가지는 짧은 것까지 제거하여 통풍을 개선한다.

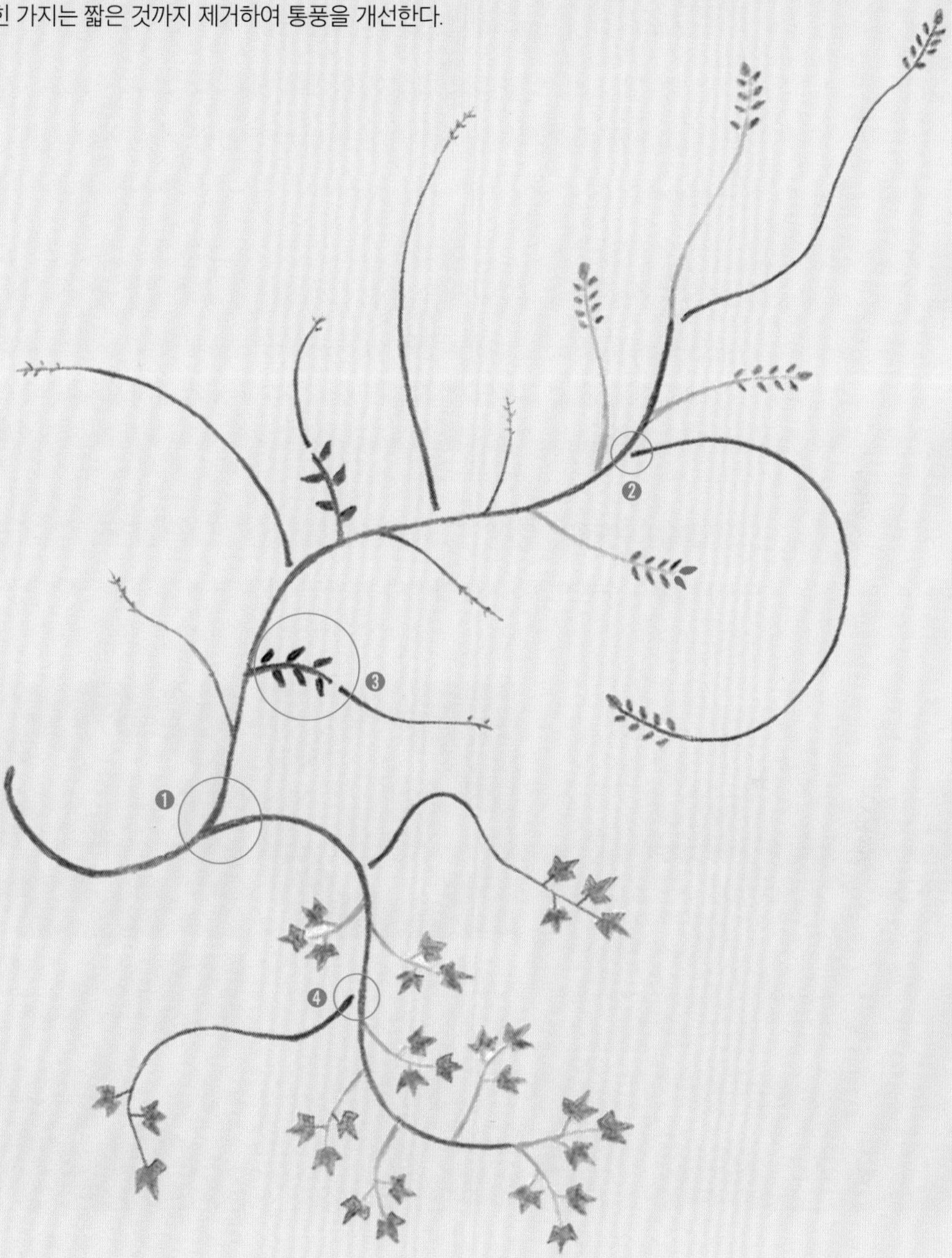

키위나무

다래나뭇과 낙엽덩굴식물
- 가지치기 시기 12월~이듬해 2월
- 꽃 5월 ● 열매 10~11월
- 병충해 매미충류 ● 암수딴그루

암수딴그루이므로 암나무와 수나무를 함께 심지 않으면 키위를 얻을 수 없다. 또 일조량이 적어도 열매가 맺히지 않는다. 열매가 무거우니 튼튼한 선반을 설치하고 서리가 내리기 전에 수확을 완료하자.

가지치기 방법 동면하는 혹한기에 가지치기를 한다. 위로 뻗은 억센 덩굴을 3분의 1 길이로 자르고 얽혀 있는 굵은 가지는 밑동에서 잘라낸다. 그렇게 하지 않으면 가지가 점점 얽혀서 햇빛이 안쪽까지 닿지 않고 바람도 잘 통하지 않는다.

열매를 수확하기 위해 꽃눈이 맺히는 3월 이후에 꽃눈이 잘리거나 꽃의 수분이 잘 이루어지지 않으면 키위가 열리지 않는다. 확실

1 주 가지를 파악한 후 드세고 웃자란 가지는 밑동에서 자른다. 가늘고 부드러운 가지는 균등하게 남도록 한다.
2 수꽃 **3** 암꽃 **4** 선녀벌레 성충 **5** 선녀벌레 유충

한 수분을 원한다면 아침 일찍 수나무를 더듬어 수꽃을 모은 다음, 갓 피어난 암꽃에 꽃가루를 뿌리자. 또한 열매가 열린 뒤에 그대로 내버려 두면 나무가 약해지므로 전부 수확한다.

비료가 필요하다고 하지만 시판되는 유박(깻묵. 참깨, 들깨 등의 작물에서 기름을 짜고 난 찌꺼기) 비료는 대개 헥산 등의 화학적 용제로 추출한 제품이라 화학 용제가 남아 있으니 쓰지 않는 것이 좋다. 뼛가루 비료 역시 거의 가축 뼈로 구성되어 있긴 하나 그 가축들이 항생물질과 호르몬제가 포함된 사료를 먹었다는 사실을 기억해야 한다. 그러니 가능하면 가정에서 만든 음식 찌꺼기 퇴비나 낙엽 퇴비를 쓰도록 하자.

병충해 방치하여 무성해지면 선녀벌레나 부채날개매미충 등이 희고 북슬북슬한 분비물을 배출하므로 나무가 볼품없어진다. 그래도 말라 죽지는 않으니 안심하자. 가지치기로 통풍을 개선하면 이듬해에는 증상이 사라질 것이다.

column 정원사와 친해지자

고객이 '모두 맡길 테니 알아서 해 달라'고 말할 때가 있다. 그러나 조금 더 자세히 물어보면 '이웃집과의 경계에 심을 나무는 이웃과 인사를 나눌 수 있을 정도의 높이였으면 좋겠다'라는 등의 구체적인 희망사항이 줄줄이 튀어나온다.

정원사의 경험과 기술도 중요하지만, 고객이 정원을 어떻게 꾸미고 싶고 어떤 나무를 심고 싶은지 구체적으로 요청하는 것이 가장 중요하다. 요청 사항을 잘 듣고 그것을 최대한 이뤄 주는 정원사, 안 되는 것은 안 된다고 말하고 이유를 상세히 설명해 주는 정원사가 좋은 정원사다.

무엇보다, 집 주인이 '내가 결정한 대로 이뤄진다'라고 믿어야 정원을 꾸미는 일에 적극적으로 관여할 수 있다. 집 주인이 적극적으로 관여한다면 정원은 저절로 점점 더 좋아진다. 정원이 있다는 것은 삶이 그만큼 풍요하다는 뜻이니, 모처럼 갖게 된 정원을 더 편안한 곳으로 만들면 일상이 더 즐거워질 것이 틀림없다!

담쟁이와 송악 등

아이비(서양담쟁이), 카나리아이비: 두릅나뭇과 덩굴식물
담쟁이덩굴: 포도과 덩굴식물

- 가지치기 시기 5월 하순~6월, 10월
- 병충해 하늘소 유충, 매미충류, 헤데라긴코바구미

담쟁이의 속칭인 '헤데라'는 서양담쟁이(아이비라는 이름으로 다양한 품종이 판매되고 있음)나 카나리아이비 등 담쟁이류를 통틀어 이르는 말로, 특정한 종을 가리키는 명칭은 아니다. 헤데라는 반음지나 양지에서도 잘 자라며 물을 주지 않아도 되는 상록식물이다.

그중에서도 카나리아이비는 잎이 성인의 손바닥만큼 커서 벽면을 뒤덮을 목적으로 심거나 땅을 뒤덮어서 잡초를 방지할 목적으로 심는 사람이 많다. 하지만 집의 외벽 등에 달라붙으면 덩굴에서 수염처럼 생긴 공기뿌리가 뻗어 나오기 때문에 나중에 떼어내도 흔적이 남는다.

낙엽 식물인 담쟁이는 가을에는 단풍이 들어 아름다운 반면, 겨울에는 초라해지는 것이 단점이다. 또 아름다운 단풍을 보고 싶다면 해가 잘 드는 곳에 심어야 한다. 요즘 인기 있는 고려담쟁이는 계절마다 잎의 색을 바꾸어 눈을 즐겁게 해 주지만, 다른 헤데라보다 번식력이 약간 떨어진다.

1 가지치기 전의 아이비. 길게 웃자란 덩굴은 더듬어 밑동에서 자른다. **2** 아이비의 공기뿌리. 이 수염 같은 뿌리로 외벽 등에 들러붙는 탓에 떼어내도 흔적이 남는다.

한편 헤데라 같은 덩굴식물을 땅에 심을 경우 덩굴이 지면만 뒤덮으면 괜찮지만 수목을 타고 올라가면 문제가 된다. 수목을 타고 올라갈 경우, 수목이 광합성을 못하게 되어 약해지기 때문이다.

가지치기 방법 덩굴의 주 가지를 자르지 않도록 주의하며 얽힌 가지를 솎아 통풍을 개선하자.

새순이 쑥쑥 자라 잎이 무성해지는 5월 하순부터 6월 사이, 또는 생육이 둔해지는 10월경에 가지치기를 하면 미관을 오랫동안 유지할 수 있다. 생육 기간에는 가지치기를 하지 않더라도 수시로 둘러보아 덩굴이 다른 수목에 얽히지 않았는지, 벽면에 들러붙거나 에어컨 실외기 등에 침입하지 않았는지 꼼꼼히 확인해야 한다.

병충해 덩굴이 너무 두꺼워지면 하늘소 유충이 안으로 파고들어 나무 전체를 말려 버리기도 한다. 또 덩굴이 서로 얽히면 매미충류가 발생하여 희고 폭신한 분비물을 내뿜어 미관을 망칠 수 있다. 최근에는 해외에서 유입된 헤데라긴코바구미의 피해가 전국적으로 문제가 되고 있다.

1 카나리아아이비의 꽃
2 카나리아아이비의 줄기
3 고려담쟁이에서 발견한 주홍꼽추잎벌레(7 mm)
4 실외기 속으로 침입한 카나리아아이비
5 고려담쟁이

능소화

능소화과 낙엽덩굴식물

- 가지치기 시기 2월
- 꽃 7~8월
- 병충해 진딧물

여름의 푸른 하늘과 무척 잘 어울리는 꽃이다. 해가 잘 드는 곳을 좋아하고 비료를 주지 않아도 되므로 키우기가 쉽다.

그렇다고 방치하면 무엇이든 타고 올라가서 가까이 있는 나무를 타고 오르면 나무가 광합성을 하지 못해 약해진다. 게다가 벽을 타고 오르면 덩굴에서 수염처럼 생긴 공기뿌리가 나와 벽에 찰싹 달라붙으므로 떼어내도 흔적이 남는다.

담쟁이보다 벽면 흡착력이 떨어져 심기 전에 장대를 세워 묶어 주거나 사면을 타고 올라가게 하고, 또는 돌담 위에 심어 늘어지게 만드는 등 계획을 세워야 한다. 또한 줄기가 두꺼워져야 꽃이 피므로 주 가지를 정해 놓는 것이 좋다.

가지치기 방법　땅에서 움돋이가 많이 올라오니 일찍부터 밑동을 자르자. 가지치기는 2월에 하는 것이 좋다. 굵은 가지는 겨울눈이 달린 부분을 남기고 중간 자르기하고 잔가지는 전부 제거한다.

병충해　목화진딧물이 발생할 수 있다.

1 가지치기 전. 이웃집이나 보도를 침범한 덩굴은 더듬어 밑동을 자른다. **2** 꽃

등나무

콩과 낙엽덩굴식물

- 가지치기 시기 5월 하순~6월, 12월~이듬해 2월
- 꽃 4~5월 ● 열매 9~10월
- 병충해 진딧물, 깍지벌레, 하늘소 유충, 매미충류, 암종병

4~5월경에 등나무 시렁에 꽃이 핀 것을 보면 옛날부터 등나무가 사랑받았던 이유를 잘 알 것 같다. 꽃송이가 멋지고 호사스러우면서도 어딘지 모르게 깊이가 있다. 지역마다 멋진 등나무 시렁이 하나씩 있는데, 사실 등나무는 수령을 파악하기 어려운 나무라고 한다.

어리호박벌 등 꽃벌들이 꿀을 따러 모여드는 모습을 보는 것만으로도 즐거운 참 고마운 나무다.

가지치기 방법 길게 자란 가는 덩굴은 밑동에 꽃눈이 모여 있는 부분만 남기고 자른다. 얽힌 덩굴이나 마른 덩굴은 더듬어서 밑동에서 솎아 낸다. 강낭콩 같은 열매는 전부 제거하여 준다.

병충해 가지나 줄기에 혹이 생기는 암종병에 걸릴 수 있다. 발견하는 즉시 혹을 잘라낸다.

1 강낭콩처럼 생긴 이 열매를 방치하면 씨가 땅에 떨어져 싹을 많이 틔운다(사진: 이와타니 미나에 제공).
2 등나무 시렁은 손질하기 편한 크기로 설치하는 것이 좋다.
3 등나무는 덩굴식물이지만 줄기가 점점 굵어진다.
4 길게 자란 가는 덩굴의 밑동에 꽃눈이 모여 있다.

특수한 방법이 필요한 나무

식물의 종류는 다양하므로 이상의 분류에 해당되지 않는 나무들도 있다. 그런 나무들의 가지치기 방법에 대해 각각 설명하겠다.

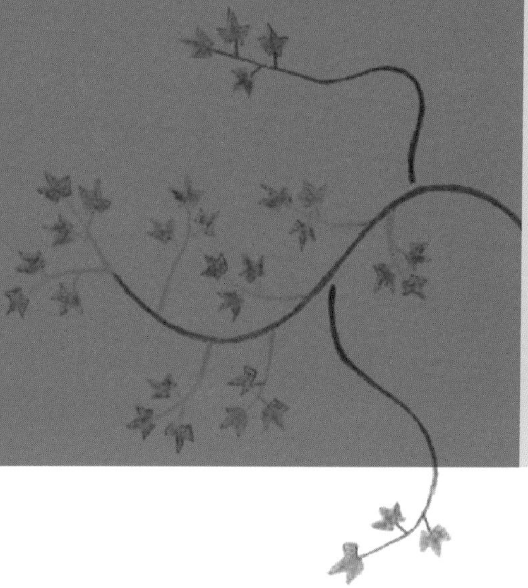

수국

범의귀과 낙엽관목
- 가지치기 시기 7월 ● 꽃 6~7월
- 병충해 끝검은말매미충, 수국통바구미, 잎진드기, 탄저병, 녹병
- 그늘지고 습윤한 땅을 좋아한다.

수국을 관목으로 간주하여 좁은 곳에 심는 사람도 있지만, 수국은 나름대로 부피가 있으며 제 부피대로 자라지 못하면 꽃을 피우지 않으므로 애초에 넓은 공간에 심는 것이 좋다. 단, 많은 수국을 빽빽하게 심으면 모기의 온상이 되기 쉽다. 또 좁은 곳에 심고 해마다 강전정을 하면 꽃이 부실해진다.

일반 수국은 꽃꽂이할 때 줄기를 탄화 처리(줄기 끝을 불로 태우거나 열탕 처리하여 물올림을 방해하는 균을 제거하는 것)하여 물올림을 촉진하지 않으면 시들기 쉽다. 반면에 애너벨이라는 품종은 양지를 좋아하며 꽃꽂이에도 잘 적응한다. 또 3월경에 가지치기를 해도 새로 자란 눈 끝에 꽃을 피우므로 초보자가 다루기 쉽

1 가지치기 전 **2** 가지치기 후

1 장마철의 정원을 화려하게 장식하는 수국(사진: 우스이 도모코(臼井朋子)) **2** 애너벨 **3** 꽃에서 두 마디 아래의 눈을 남기고 중간 자르기한다. 그러면 이듬해에 꽃이 필 가능성이 높다. **4** 두 마디 아래에서 중간 자르기한 후의 모습. 이렇게만 하면 나무가 점점 커지므로 가끔은 강전정이 필요하다. **5** 산수국은 상당히 조건이 나쁜 정원에서도 건강하게 자란다. **6** 수국통바구미에게 당한 꽃. 목이 꺾인 듯 고개를 숙인다. **7** 끝검은말매미충 유충. 유충일 때나 성충일 때나 다양한 식물에 피해를 입힌다. **8** 끝검은말매미충 성충

다. 그대로 말려도 분위기 있는 드라이플라워가 되므로 원예점이나 꽃집에서 고가로 팔리고 있다.

산수국이라는 이름으로 유통되는 품종은 대체로 건강하다. 한편 한때 인기를 끌었던 떡갈잎수국은 꽃이 아래로 처져서 피기 때문에 정원에서 피우기도 어렵고 꽃꽂이하기도 어렵다.

참고로 모두가 꽃잎이라고 생각하는 부분은 사실 꽃받침이다.

가지치기 방법 꽃이 핀 곳 두 마디 아래를 자르는 것이 기본이지만 그렇게만 하면 부피가 점점 커지니 몇 년에 한 번씩은 꽃을 포기하고 과감하게 짧게 자를 필요가 있다. 지면에서 가지를 솎아 내면 모기도 줄어든다. 깎아 다듬은 후 갈색으로 변한 가지가 있을 경우, 조금 지켜본 뒤 푸른 싹이 나오지 않으면 밑동까지 더듬어 자른다.

12월에 가지치기를 한다면 새로 나온 눈에서 꽃이 필지 안 필지 판단할 수 없으므로 튀어나온 가지를 자르는 정도로만 만족하도록 하자.

뿔남천

매자나뭇과 상록관목

● 가지치기 시기 4~6월

● 꽃 3~4월 ● 열매 초여름~가을

● 병충해 거의 없음 / 가끔 깍지벌레, 탄저병

뿔남천은 이름처럼 잎에 뾰족한 돌기가 있어서 맨손으로 만지면 아프다. 노랗고 작은 꽃이 약간 수그린 듯한 모양으로 많이 피고 희미한 향기를 풍긴다. 또한 방치해도 어느 정도 모양을 유지한다.

품종 중 가는잎뿔남천은 시중에서 '동남천'이라는 이름으로 유통되고 있다. 잎이 가늘고 얇으며 뿔남천 같은 돌기가 없어서 만져도 아프지 않다. 도심 아파트의 진입로 등을 우아하게 장식하고 싶을 때 땅을 뒤덮는 용도로 자주 쓰인다.

둘 다 직접 키워 본 결과, 둘 다 직사광선이 강한 곳에는 적합하지 않다. 꽃은 3~4월에 핀다.

가지치기 방법 뿔남천은 해가 지날수록 가지가 얽히니 길게 자란 것부터 차례차례 지면에서 솎아 내자. 가는잎뿔남천도 방치하면 상당한 높이로 자라므로 지면에서 가지를 솎아야 한다.

1 가지치기 전의 뿔남천. 길게 자란 가지를 지면에서 솎아 크기를 줄여 과감히 갱신했다.
2 가지치기 후의 뿔남천
3 뿔남천의 꽃
4 가지치기 전의 가는잎 뿔남천

대나무와 조릿대

볏과 대나무아과 상록수. 높이는 종류에 따라 다름

- 가지치기 시기 2~3월
- 병충해 대나무쐐기알락나방, 깍지벌레, 진딧물
- 바둑돌부전나비 유충은 대나무와 조릿대에 붙어 있는 진딧물류를 잡아먹는다.

대명죽처럼 키가 작고 가는 품종을 정원수로 이용하기도 하고 땅에 조릿대를 풀처럼 빽빽하게 심거나 뿌리 덮개로 활용하는 경우가 많다.

대나무는 땅속 줄기가 너무 넓게 퍼지지 않도록 하기 위해 깊이 1 m 정도의 토관(시멘트나 흙을 구워서 만든 둥글고 큰 관)이

1 가지치기 전의 대명죽 **2** 가지치기 후의 대명죽 **3** 대나무쐐기알락나방 유충

나 화분째 심는 것이 좋다.

참고로 대나무에 꽃이 피면 죽을 때가 되었다는 뜻이다.

가지치기 방법 2월쯤 지면에서 줄기를 솎아 지나친 번식을 막는다. 그리고 원하는 높이의 마디 위에서 잘라 심을 끊음으로써 키가 더 커지지 않도록 한다. 마디에서 나온 가지는 전체 균형을 보아 자르거나 솎으면서 모양을 정돈한다. 방치하면 5 m까지 크지만 대개는 심을 끊어 2~3 m 정도로 유지할 수 있다.

병충해 5~6월경과 초가을에 대나무쐐기알락나방 유충이 발생할 수 있다. 독침털이 있어서 만지면 가려우니 주의하자.

팔손이

두릅나뭇과 상록관목
● 가지치기 시기 3~7월 ● 꽃 11~12월 ● 열매 이듬해 4월
● 병충해 거의 없음 / 가끔 탄저병
● 음지를 좋아한다.

습하고 그늘진 곳에 심을 식물을 찾는다면 팔손이를 추천한다. 천구(하늘을 날아다니며 불교의 가르침을 방해하는 가상의 괴물)의 부채처럼 생긴 개성 있는 잎이 달렸으며 병충해에 강하다. 단, 추운 지방에서는 생육하지 못한다. 꽃도 개성 있어서 희고 작은 꽃들이 공 모양의 송이를 이루어 11~12월에 핀다.

개미나 파리, 꽃등에류 등이 꿀을 가지러 온다. 그 모습을 볼 때마다 '곤충들도 열심히 준비해서 겨울을 잘 났으면 좋겠다!'라는

1 꽃과 꽃봉오리 **2** 열매(사진: 가가와 준 제공) **3~5** 중간 자르기 방법. 웃자란 줄기나 얽힌 가지는 잎이 모양 좋게 나 있는 곳 바로 위에서 자른다. 잎이 없는 곳을 자르면 줄기가 말라 버린다.

1 가지치기 전 **2** 가지치기 도중 중간 자르기한 모습. 여기서 모양을 다듬고 마무리해도 된다. **3** 가지치기 후. 기본적으로 웃자란 줄기를 솎고 대체 자르기를 한 뒤 필요에 따라 중간 자르기를 병행하여 크기를 줄이면 된다. 이 나무는 길게 자랐던 가지를 **2**번 사진보다 더 낮게 잘라 뒤에 있는 창문이 보이도록 했다.

생각이 든다.

가지치기 방법 방치하면 점점 옆으로 퍼져서 공간을 상당히 차지하므로 주의가 필요하다. 너무 커졌다면 원하는 높이의 눈 위에서 가지를 자른다. 그래도 땅에서 새로운 가지가 나오므로 그중 3~5개 정도만 남기고 길게 자란 것부터 지면에서 솎는다.

종려나무

야자나뭇과 상록교목
- 가지치기 시기 아무 때나
- 꽃 5~6월 ● 열매 11~12월
- 병충해 거의 없음

남국의 정취를 느끼게 하는 나무다. 개인 정원에서는 높이가 다른 세 그루를 나란히 심는 경우가 많다.

종려나무는 주의할 점이 있다. 생장점이 꼭대기에 있어 줄기를 중간에 자르면 말라 죽으므로 심을 끊어 높이를 조절할 수 없다는 것이다. 따라서 너무 자라면 언젠가는 벌채해야 할 수도 있다. 하지만 종려털이라고 불리는 섬유조직 때문에 자르기도 매우 어렵다.

심은 기억도 없는데 정원에 종려나무가 돋아났다면 새가 열매를 먹고 배설한 씨앗에서 싹이 텄을 가능성이 높다. 종려는 암수딴그루로 수나무와 암나무가 각각 꽃을 피우는데, 수꽃은 덩어리가 늘어지듯 피므로 다소 흉측한 인상을 준다. 수분이 끝나고 나면 수꽃은 시들고 암꽃은 블루베리처럼 생긴 열매를 맺는다. 이 열매를 새들이 좋아하는 듯하다.

가지치기 방법 여름과 가을 사이에 심에서 나온 새잎 2~3개를 제외한 모든 잎을 줄기와의 연결부인 잎꼭지 부분에서 자른다. 또 가장자리가 구부러진 묵은 잎도 다 제거한다.

땅에서 싹이 올라오는 것을 방지하려면 꽃이 필 무렵에 본체를 가지치기하면서 꽃을 다 따자. 다만 새가 외부에서 씨앗을 가져오는 것은 막을 길이 없으니 싹이 트자마자 초기에 뿌리를 뽑는 수밖에 없다.

1 실생 **2** 열매 **3** 수꽃 **4** 암꽃(사진: 이와타니 미나에 제공) **5** 잎 **6** 왼쪽은 가지치기 전, 오른쪽은 잎을 줄인 모습. 묵은 잎의 밑동을 밑에서부터 차례차례 자른다. 단, 생장점이 꼭대기에 있으므로 윗부분은 자를 수 없다. 그래서 어쩔 수 없이 해마다 키가 커진다.

삼지닥나무

팥꽃나뭇과 낙엽관목

- 가지치기 시기 11월~이듬해 2월
- 꽃 3~4월
- 병충해 거의 없음 / 가끔 진딧물

닥종이와 화폐의 원료가 되는 나무로, 가지 끝이 세 갈래로 나뉘어 있어서 '삼지닥나무'라는 이름이 붙었다. 3~4월에 피는 공 모양의 노란 꽃에서는 희미한 향기가 난다. 좁은 곳에 심지 말고 처음부터 어느 정도 공간을 확보해야 장점을 살릴 수 있다.

우리 집에서도 붉은 꽃이 피는 홍화삼지닥나무를 심었는데, 공간의 제약 때문에 강전정을 반복했더니 점점 붉은 꽃이 줄고 평범한 노란색의 꽃이 늘어나더니 지금은 노란 꽃만 피게 되었다. 일반 삼지닥나무를 밑나무로 삼아 홍화삼지닥나무를 접목했기 때문에 강전정에 격세유전이 발현한 것으로 추측하고는 있지만, 이유는 아직도 수수께끼다.

가지치기 방법 튀어나온 가지를 분기점까지 더듬어 중간 자르기 하면 크기가 한결 작아진다.

1 가지치기 전
2 가지치기 후
3 꽃
4 홍화삼지닥나무 꽃

칼미아 -산월계수

진달래과 상록관목

- 가지치기 시기 6월 ● 꽃 5월
- 병충해 거의 없음 / 가끔 진딧물, 갈색점박이병
- 반음지, 배수가 잘 되는 곳을 좋아한다.

5월쯤 흰색, 분홍색, 빨간색 등의 별사탕처럼 생긴 꽃을 피우며, 배수가 잘 되는 반음지를 좋아한다. 그늘에 심으면 꽃이 피지 않는 경우가 있고 여름철 직사광선이 닿는 곳에 심으면 잎이 노랗게 변하므로 낙엽수의 그늘 아래에 심는 것이 가장 좋다. 여름철의 건조한 날씨에 약하므로 부엽토 등으로 토양을 덮어서 멀칭(땅이 건조해지거나 잡초가 올라오는 것을 막기 위해 식물 등 주변 지면을 부엽토 등 자연 소재나 비닐 등으로 덮는 것)하자. 석양이 비치는 곳도 피해야 한다.

1 산월계수는 성장이 더뎌서 거의 손질할 필요가 없다. 빈 곳이 생기지 않도록 주의하면서 튀어나온 가지를 더듬어 분기점에서 잘라 주기만 하면 된다. **2, 3** 산월계수 꽃은 색이 흰색, 분홍색, 빨강색 등으로 다양하다.

올해 꽃이 핀 가지에는 이듬해에 꽃이 피지 않는다. 그래서 묘목이 어릴 때는 격년으로만 꽃이 피는 경우가 대부분이다. 매해 꽃을 보고 싶다면 꽃봉오리를 3분의 1에서 절반 정도로 줄이면 된다. 하지만 심은 뒤 3년쯤 되면 나무가 튼튼해져 저절로 매해 꽃을 피우게 되므로 그냥 두어도 괜찮다.

가지치기 방법 성장이 더뎌서 방치해도 자연 수형이 유지된다. 튀어나온 웃자란 가지를 자르고 얽힌 곳을 가볍게 대체 자르기로 정리하기만 해도 충분하다.

다른 진달래나 철쭉도 같은 방법으로 손질한다. 단, 진달래와 철쭉은 한 번 커지면 크기를 줄이기가 어렵다.

진달래와 철쭉은 꽃이 진 후 꽃대를 잘라준다. 이 시기를 놓치면 자른 가지에는 이듬해 꽃이 피지 않는다.

기초편

나무를 심을 때 고려할 점

어떻게 배치할까?

정원을 꾸밀 때 가장 중요한 것은 수목의 배치다. 대부분의 사람이 정원을 꾸미는 시점에서 보기 좋은 배치를 선택하지만 그렇게 하면 나중에 수목이 너무 빽빽해지기 쉽다. 일본식 정원에 흔한 구형 등으로 다듬어진 나무를 심는다면 괜찮겠지만 자연 수형을 즐기고 싶다면 처음에 공간을 넉넉하게 잡아야 한다.

나무는 해마다 자란다. 게다가 어린 묘목일수록 토양에 쉽게 순응하므로 사람이 이상적이라고 생각하는 높이보다 크게 자랄 때가 많다. 즉 정원을 꾸밀 때는 지금이 아닌 10년 후에 이상적인 모습을 이룰 것을 생각하면서 나무와 나무 사이에 간격을 넉넉하게 두는 것이 좋다.

또 이웃집과 너무 가까운 곳에는 나무를 심지 말아야 한다. 담장에 가로막혀 전체적인 가지치기를 못하게 될 수도 있고 낙엽 때문에 이웃에 피해를 끼치게 될지도 모르기 때문이다. 처음에는 약간 듬성듬성해 보이더라도 5년 후, 10년 후에 멋진 정원이 될 것을 꿈꾸며 수목을 배치하기 바란다.

왜 나무를 심는가?

정원에 식물을 심는 목적은 다양하다. 아래에 그중 대표적인 것을 정리해 보았다. 목적에 따라 적합한 수종을 선택하고 제때에 가지치기를 하면서 꼼꼼하게 관리하자.

해가리개 또는 바람막이로 쓰기 위해 집의 남쪽에 낙엽수를 심으면 여름에는 나무가 햇빛을 가려 주고 겨울에는 낙엽을 떨어뜨려 햇빛을 최대한 받아들일 수 있게 해 준다. 바람이 강한 지역에서는 떡갈나무 등을 생울타리로 삼아 바람을 막기도 한다.

시선 차단용 가리개 또는 울타리로 쓰기 위해 생울타리는 외부 시선을 차단하는 가리개 또는 담장으로도 쓰인다. 단, 너무 높아지거나 무성해지면 사각지대가 생겨 오히려 방범에 불리하니 주의하자.

먹기 위해 감나무나 매화나무, 유자나무 등을 심으면 열매를 먹거나 보존할 수 있고, 친한 사람에게 나누어 주는 기쁨을 누릴 수 있다.

새와 나비를 부르기 위해 도시에도 나무 열매를 좋아하는 직박구리, 동박새, 박새가 많이 산다. 인간은 먹지 못하지만 이 새들이 즐겨 먹는 열매도 있다. 버터플라이 피시라고 불리는 부들레야의 꽃꿀은 나비와 나방이 제일 좋아하는 먹이다. 나방이라고 하면 얼굴을 찌푸리는 사람이 있겠지만 나비와 나방의 구별이 명확하지 않은 데다 아름다운 나방도 많으니 너무 싫어하지는 말자.

역사적인 이유로 선대 또는 전 주인에게서 수목을 물려받았다는 사람도 많다. 그래서 별로 마음에 들지 않는데도 차마 벌채할 수 없어서 내버려 두고 있다는 이야기를 자주 듣는다. 그러나 시대가 바뀌면 정원의 모습도, 사는 사람의 취향도 달라지기 마련이다. 그러니 마음에 들지 않는다면 과감히 벌채하는 것도 나쁘지 않다고 생각한다. 억지로 유지하다 보면 주인에게 사랑받지도 못하면서 자리를 지켜야 하는 나무도 불쌍할 뿐더러 주인의 정신 건강도 나빠질 것이다. 지금까지 즐겁게 해 준 것에 진심으로 감사하는 마음으로 벌채해도 괜찮다.

이유 없이 사실 단순히 '정원이 생겼으니 나무가 있으면 좋겠다'라는 사람이 많을 것이다. 그리고 그들 대부분은 '자라지 않는 나무가 좋다'라고 말한다.

그러나 자라지 않는 나무는 없다. 가지치기를 하지 않고 방치하면 관목도 3 m 이상 자란다. 크게 자라지 않기를 바란다면 적당한 높이를 유지할 수 있는 수종을 선택하여 해마다 가지치기를 해야 한다.

나무의 높이 -
관목, 소교목, 교목이란

식물도감에는 나무의 높이를 표시하는 '관목', '소교목' 또는 '교목'이라는 말이 종종 나온다. 그런데 낮은 나무와 높은 나무를 구분하는 기준은 무엇일까?

관목

관목은 눈높이보다 낮은 나무로, 넓게 심어 땅을 뒤덮거나 정원 울타리를 만드는 데 주로 쓰인다. 연산홍이나 수국 등이 대표적이지만, 이것들도 방치하면 3 m 이상으로 자랄 수 있다. 나도 방치당한 수국이 크게 자라서 휘청거리며 2층 베란다 근처까지 도달한 것을 보고 놀란 적이 있다. 유명한 사찰에는 성인 남성의 키보다 큰 진달래나무도 드물지 않다.

요즘 우리나라에서는 회양목, 사철나무, 남천, 홍가시나무, 에메랄드 그린 등이 인기가 좋다.

소교목

소교목은 관목보다 크고 교목보다 작은 나무로, 대개 1층 지붕보다 낮은 것을 말한다. 동백나무, 산다화, 단풍나무, 감탕나무, 후피향나무가 대표적이다. 이것들도 방치하면 크게 자라지만, 산다화 등은 정기적으로 깎아 다듬기만 하면 사람의 키보다 낮은 울타리로 계속 쓸 수 있다.

교목

개인 정원의 정원수에 대해서는 1층 지붕보다 높이 자라는 나무를 교목이라고 해도 무방할 듯하다. 즉 4 m 사다리를 써도 꼭대기에 손이 닿지 않는 나무라고 생각하면 된다.

안전 멜빵인 하니스 등을 착용하고 직접 나무에 올라가는 우리에게도 교목 가지치기는 힘들고 조심스러운 일이다. 조밀한 주택지의 정원에서는 잘라낸 굵은 가지를 아래로 마구 떨어뜨릴 수도 없다. 밑에 있는 나무에 부딪칠 수도 있고 옥상이나 담을 망가뜨릴 수도 있기 때문이다. 그래서 자를 가지를 미리 밧줄로 묶어 다른 가지에 매달아야 하고, 다른 사람이 밑에서 그 로프를 잡아 주는 등 두 사람이 매달려 작업해야 한다. 우리도 손 댈 수 없는 거목의 가지치기는 조경 회사 등 전문가에게 의뢰한다.

어쨌든 모든 정원수는 '꼼꼼하게 관리했을 때 어느 정도의 크기로 높이를 유지할 수 있느냐'에 따라 관목, 소교목, 교목으로 나뉜다.

가끔 '사람의 손이 닿지 않은 자연 그대로의 상태가 좋다'라고 하는 사람이 있다. 그 말대로 정원수를 내버려 두면 어떻게 될까?

나무는 점점 성장할 것이다. 정원이 어지간히 넓지 않은 이상, 나무가 너무 커져 버리면 이웃집에 대한 피해, 전선과의 접촉, 보행자 안전 위협 등의 이유로 결국 베어 내거나 뿌리째 뽑을 수밖에 없다. 인간이 만든 자연은 인간이 계속 관리해야만 하는 것이다.

나무의 방어층

나무는 살아 있는 생명이다. 따라서 병에도 걸리고 균에도 감염된다. 마른 가지, 껍질이 벗겨진 곳, 하늘소 유충이 뚫은 구멍, 가지치기 후의 상처를 통해 목재 부패균이 침입하기도 한다.

가지치기할 때 가지를 마구 자르면 안 되는 이유가 여기에 있다. 절단 방법이 잘못되면 잘린 부위를 통해 부패균이 침입하여 나무를 썩게 만들기 때문이다. 원래 건강한 나무는 가지가 잘려도 스스로 방어층을 만들어 부패 부위를 최소화할 수 있지만 절단 방법이 잘못되면 방어층이 만들어지지 않아 나무가 약해진다. 특히 굵은 가지를 자를 때는 나무가 스스로 조직을 부풀려 방어층을 형성함으로써 상처를 틀어막도록 만드는 것이 중요하다.

유합제를 도포하지 말 것

가지를 마구 자르면 부패균이 침입하기 쉽다. 따라서 굵은 가지나 줄기를 자른 절단면에 접밀이나 도포제 등 유합제를 바르는 것이 관례가 되어 있다. 그러나 도포제나 접밀로 절단면을 밀봉하면 습기가 외부로 나가지 못해 오히려 부패균이 활동하기 좋은 환경이 만들어진다. 물론 절단면에 금속 마개 등을 씌워서도 안 된다.

요즘 서구의 정원사들은 절단면을 그대로 내버려 두려 한다. 건강한 나무라면 어느 정도 부패균이 들어와도 나무가 스스로 방어층을 만들어 부패 부위를 최소화하기 때문이다. 그러려면 가지를 절단할 때 단면이 깨끗해지는 방법을 써야 하고, 껍질이 부풀어 올라 상처를 둘러싸기 쉽도록 적절한 위치를 잘라야 한다. 잘만 하면 나무가 껍질로 상처를 완전히 둘러쌀 수도 있다. 이렇게 절단면 주변의 껍질이 부풀어 올라 절단면을 감싼 것을 유상조직 또는 캘러스callus라고 한다.

유기농 스프레이

해마다 같은 병이 발생하거나 곤충의 식해가 심각하지만 농약은 쓰고 싶지 않다면 유기농 스프레이(자연 농약)를 직접 만들어 써 보자. 주방 재료로 만드는 약이므로 무척 안전하다.

농약을 뿌렸던 정원을 무농약으로 전환할 경우, 몇 년간은 반동으로 대량의 병충해가 발생할 수 있다. 그럴 때에도 유기농 스프레이가 효과적이다. 나중에는 유기농 스프레이조차 뿌리지 않는 것이 이상적이겠지만 과도기에는 활용할 가치가 있다.

유기농 스프레이는 재료도 최대한 유기농으로 키운 것을 써야 효과적이다. 단, 이것은 화학 농약을 대체하는 수단이 아니므로 살충 효과는 없고 곤충을 멀리 쫓아내는 효과만 있다. 일부 곤충에게는 효과가 전혀 없을 수도 있다. 스프레이의 효과는 살포액의 농도, 살포 빈도, 가지 솎기나 가지치기(화초의 경우에는 시든 꽃의 껍질 제거와 빽빽한 부분 솎기까지 포함) 상황, 땅의 비옥도, 다종 식물의 혼재도(빽빽한 정도와는 다름), 병충해에 강한 식물의 비중 등 종합적인 균형이 맞을수록 커진다.

또한 정원에는 다양한 자연계의 생물이 있고 그중에는 병충해를 열심히 퇴치하는 생물도 있다. 그러니 그런 천적들을 알아두는 것도 중요하다. 천적이 벌레를 먹어치워 주면 유기농 스프레이조차 필요 없기 때문이다.

하지만 무슨 수를 써도 식물이 약해지거나 시들 때가 있다. 그것은 환경이 적합하지 않기 때문일 가능성이 크다. 시행착오를 거치며 그 환경에서 병충해에 걸리지 않는 식물을 차근차근 찾아내고 정원 환경에 도저히 맞지 않는 식물은 무엇인지 하나하나 배워 가는 것도 정원을 손질하는 재미일 것이다.

여기서는 유기농 스프레이 중 마늘 삼백초 목초액, 마늘 참기름액, 쇠뜨기 차, 콤포스트 차를 만드는 방법을 소개하겠다. 마취목액에 대해서는 41쪽을 참조하자.

마늘 삼백초 목초액

해마다 피해를 당하는 나무를 보호하기 위한 예방책이다. 보관 기간은 약 3년이다.

재료 마늘 10 g(껍질을 깐 것), 고추 10 g(씨를 뺀 것), 삼백초 30 g(씻어서 물을 털어낸 생잎), 목초액 200 cc(대나무로 만든 죽초액도 무방)

① 껍질을 벗긴 마늘을 대강 다진다.

② 고추를 5 mm 폭으로 다진다.

③ 삼백초를 5 mm 폭으로 다진다. 꽃과 줄기도 다져서 함께 넣는다.

④ ①~③을 유리 용기에 넣고 목초액을 부어 2주 정도 두었다가 사용한다. 마늘, 고추, 삼백초는 3개월 동안 그대로 넣어 둔다.

⑤ 쓸 때는 액체만 따라서 500~1,000배의 물로 희석한 다음 분무기로 뿌린다. 처음에는 1,000배부터 시작하고 효과가 없으면 점점 농도를 높인다. 단, 500배보다 진하면 나무에게 해롭다.

⑥ 다 쓰고 난 뒤에는 분무기를 잘 세척한다.

마늘 참기름액

진딧물이 생겼을 때 뿌리거나 2~3월에 뿌려서 다양한 곤충의 알을 없앤다. 나도 2~3월쯤에 깍지벌레를 긁어 없앤 후 이 약을 뿌려 나무를 안정시킨 적이 있다. 보관 기간은 약 3개월이다.

재료 마늘 80 g, 참기름 2작은술, 가루비누 10 g 또는 액체비누 30 cc(계면활성제가 들어가지 않은 것), 물 1 L

① 껍질을 벗긴 마늘을 대강 다진다.

② 다진 마늘을 참기름에 24시간 담가 둔다.

③ 비누를 물에 녹여 만든 비누 용액을 ②와 섞는다.

③ 거즈로 걸러 유리병에 담고 4~5일간 둔다.

④ 물로 100배 희석한 뒤 한 번 더 거즈로 걸러서 살포한다.

쇠뜨기 차

쇠뜨기 차에는 흰가루병 등 균이 일으키는 병을 완화하고 예방하는 효과가 있다. 한여름을 제외하고 냉암소에 1주일쯤 보존할 수 있다.

① 그늘에서 3일 정도 말린 쇠뜨기 10 g을 2 L의 물에 넣어 20분간 찐다.

② 쇠뜨기가 식으면 8 L의 물을 부어 10분간 둔다.

③ 쇠뜨기를 건져내고 남은 물을 병든 나무의 뿌리, 줄기와 가지, 잎에 뿌린다.

④ 3일 연속으로 뿌린 후 상태를 지켜본다.

콤포스트 차

완전히 숙성된 콤포스트를 자루에 넣은 뒤 뚜껑 달린 양동이 등에 담가 1주일간 물에 재운다. 그 용액을 10배의 물로 희석하고 액체비누를 몇 방울 떨어뜨린 뒤 식물에 뿌리면 흰가루병 등 균류의 활동을 억제할 수 있다.

이것은 균을 죽이는 것이 아니라 식물을 잡균으로 미리 코팅하여 나쁜 균이 번식하지 못하게 하는 방법이다.

정원의 천적들

1 은먼지거미. 어디에나 있는 작은 거미로 등에 은색 무늬가 있다.
2 들풀거미. 정원을 배회하는 중이다.
3 풀잠자리 유충. 먼지를 등에 덮고 다니며 진딧물을 먹는다.
4 풀잠자리 성충
5 칠성무당벌레 유충. 이 유충의 생김새를 아는 사람이 많지 않다.
6 칠성무당벌레 성충. 주로 화초와 관목의 진딧물을 먹는다.
7 무당벌레 유충. 관목과 교목의 진딧물을 먹는다.
8 무당벌레 성충. 흔한 벌레여서 일본에서는 '일반 무당벌레'로 불리고 우리나라에서는 단순히 '무당벌레'로 불린다. 무늬가 매우 다양하다.
9 곤줄박이. 입에 벌레를 물고 있다.

나쁜 가지치기의 예

정원수의 잘못된 가지치기 사례를 몇 가지 소개하겠다.

1

2

3

4

5

덩굴이 수목을 뒤덮음(1, 2)

덩굴성 식물이 수목을 휘감으면 그 수목은 광합성을 하지 못해 약해지거나 아예 말라 버릴 수 있다. 눈에 띄는 대로 철저히 제거하자.

1 거지덩굴이 나무를 타고 올라왔다.

2 덩굴에 뒤덮여 있다.

거친 절단면(3)

잘 들지 않는 톱이나 가위, 또는 가지치기 전용이 아닌 톱으로 가지치기를 하면 절단면이 지저분해지거나 거칠어진다. 단면이 거칠면 방어층이 잘 형성되지 않아 부패균이 침입하고 결국 나무가 말라 버릴 수 있다.

3 잘못 잘라 껍질이 벗겨진 보리수

잘못 자른 예(4, 5)

4 마구 깎은 동백 생울타리. 잎을 너무 적게 남겨서 나무가 약해진 탓에 차독나방이 해마다 대량으로 발생하고 있다.

5 가지 중간을 마구 자르면 부패균이 침입하거나 이듬해에 잔가지가 폭발적으로 나서 통풍이 나빠지므로 병충해가 생기기 쉽다. 최대한 꼼꼼하게 대체 자르기를 하자.

아래쪽 가지 없음(**1, 2**)
햇빛이 잘 닿는 위쪽은 광합성이 잘 되므로 가지가 금세 자라지만 아래쪽의 가지는 한 번 자른 뒤 가지가 다시 나지 않을 수도 있다. 사다리를 쓰지 않아도 손이 닿는 아래쪽만을 손질하는 사람이 많은데, 사실 나무의 아래쪽은 외부 시선을 차단하기 위해 가지와 잎이 달려 있어야 하는 부분이기도 하다. '위쪽은 강하게, 아래쪽은 조심스럽게'라는 가지치기의 기본 원칙을 잊지 말자.

1 너무 많이 깎은 윌마

2 아래쪽을 너무 잘라 가지가 없다!

3 구조물이 줄기를 파고듦
나무에 끈이나 구조물을 걸어 놓으면 나무 조직이 부풀어 올라 그것을 둘러싸면서 점점 썩게 된다. 그러므로 새를 위한 둥지 상자도 그대로 두지 말고 한 해에 한 번씩 내부 청소를 겸하여 위치를 옮겨야 한다.

4 절단면에 유합제 도포
넓은 절단면에 접밀이나 도포제 등의 유합제를 도포하면 나무가 약해진다(자세한 설명은 '나무의 방어층(206쪽) 참조). 요즘 서구의 정원사들은 절단면이 넓어도 유합제를 바르지 않는 추세이다.

5 나무가 담장을 넘어옴
수목이 부지를 벗어나 도로를 침범하면 보행자의 통행을 방해하므로 위험하다. 특히 생울타리는 약하게 깎으면 부피가 점점 늘어나기 때문에 되도록 얇게 깎는 것이 좋다. 또 낙엽수 중에는 위쪽에서 가지가 넓게 퍼지는 유형이 많아서 전선과 충돌하거나 낙엽을 떨어뜨려 이웃집의 홈통을 막을 수 있다.

6 가지치기 쓰레기를 방치함
잘라낸 가지와 낙엽을 가지 위에 그대로 남겨 두면 나무가 광합성을 못하게 되거나 새로운 가지와 잎이 나오지 않는다. 가지치기란 자르는 과정뿐만 아니라 쓰레기를 치우고 정리하는 과정까지 전부 포함하는 일이다.

정원 손질 도구와 사용법

정원을 손질할 때 필요한 도구를 소개한다. 별표가 붙은 것은 가지치기에 반드시 필요한 도구다.

★ 전정 톱　전정 톱은 두 종류가 있으면 편리하다. 그중 하나는 날이 조금 두껍고 길이가 25 cm 정도 되는 튼튼한 톱이다. 이 톱으로 굵은 가지까지 자를 수 있다.

또 하나는 날이 15 cm 정도 되는 소형 톱으로 과일나무 등을 손질할 때 쓴다. 가는 가지나 얽힌 가지를 자를 때 구석구석 날이 닿으므로 편리하다.

목공용 톱은 날 끝의 모양이 달라서 가지치기에 적합하지 않다.

쥐는 법　단단히 쥐도록 하고, 검지를 톱날의 등 쪽에 붙여도 된다.

굵은 가지 자르는 법

① 굵은 가지를 솎을 경우, 우선 밑동에서 약 20 cm 떨어진 곳을 밑에서부터 4분의 1쯤 톱질해 둔다.

② ①의 바로 아래쪽을 위에서부터 3분의 1 또는 4분의 1쯤 톱질한다. 그러면 가지의 무게 때문에 ①과 ② 사이가 부러진다. 이렇게 미리 조치하면 밑동을 자르는 도중에 가지가 제 무게를 못 이겨 부러지는 일이 없다.

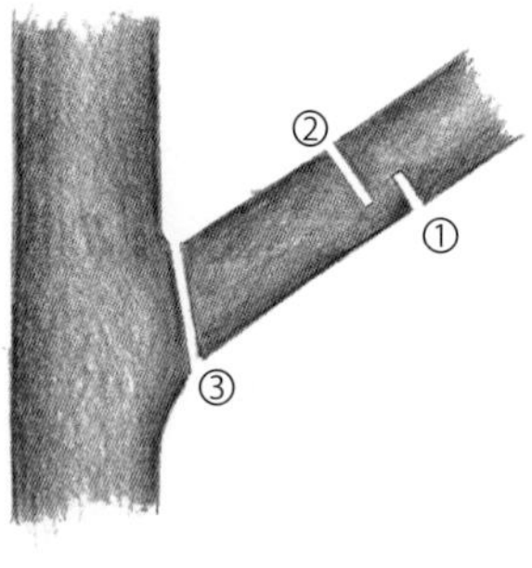

③ 마지막으로 밑동을 자른다. 나무껍질을 잘 보고 줄기와 가지의 경계 부분을 잘라야 나무가 방어층을 잘 형성하여 절단면을 보호할 수 있다.

★ 전정 가위　지름 2 cm 전후의 가지를 자를 때 쓴다.

자르는 법　날을 가지에 직각으로 대지 않고 비스듬하게 대야 쉽게 잘린다.

★ **꽃(식목) 가위** 잔가지를 자르거나 풀을 다듬을 때, 꽃껍질을 제거할 때 쓴다.

★ **양손 가위** 소형과 대형이 있다. 소형은 좁은 곳에서 깎아 다듬기를 할 때, 깎을 면적이 작을 때, 잡초를 깎을 때 편리하다. 대형은 주로 생울타리를 깎을 때 쓴다.

고지 가위(높은 가지용) 높은 곳에 있는 웃자란 가지를 자를 때 편리하다. 단, 이것만으로는 가지를 깨끗하게 제거하기 어려우므로 어디까지나 보조 수단으로만 이용하자.

굵은 가지용 가위 전정 가위로 잘리지 않는 굵은 가지를 자를 때 사용한다. 전정 가위와 마찬가지로 날을 비스듬히 대고 자르면 상당히 굵은 가지도 자를 수 있다.

트리머와 예초기 트리머는 생울타리 등을 일정하게 깎아 다듬을 때 편리한 도구이며, 예초기는 잡초를 깎을 때 주로 쓰인다. 둘 다 엔진식, 전동식, 충전식이 있다.

엔진식 힘이 좋고 전선이 없어서 넓은 면적을 다듬을 때 편리하다. 그러나 엔진 윤활유가 포함된 혼합 휘발유를 태우므로 화학 물질 과민증이 있는 사람은 쓸 수 없다. 또한 소음이 커서 주택지에서 쓰기에도 적합하지 않다. 다소 무거우며 엔진을 켤 때도 힘이 필요하고 꼼꼼하게 관리해야 한다.

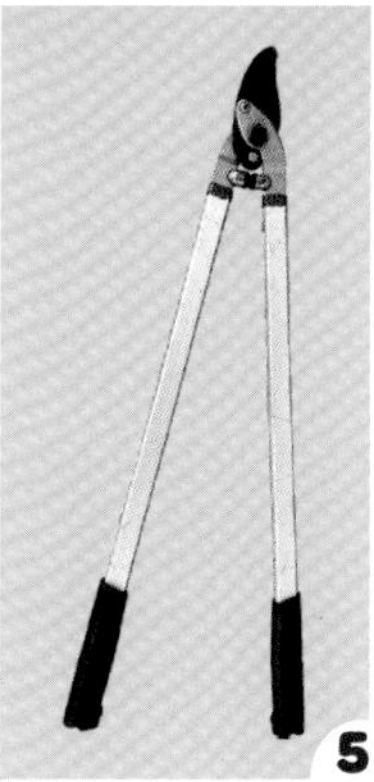

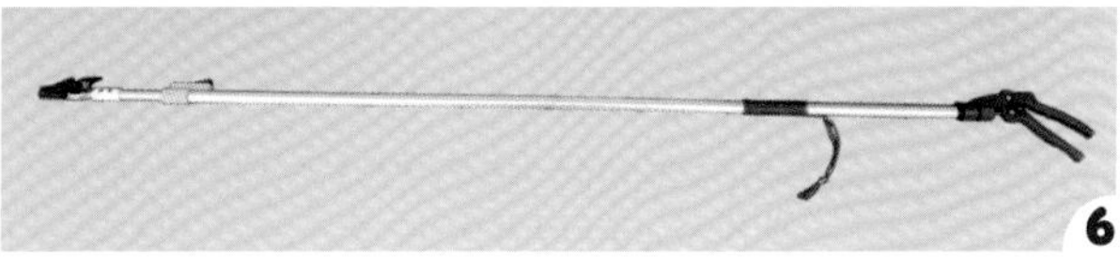

1 전정 톱
2 전정 가위
3 꽃(식목) 가위
4 양손 가위
5 굵은 가지용 가위
6 고지 가위(높은 가지용)

전동식 전선을 꽂아야 쓸 수 있지만 힘이 약한 사람이 쓰기 편하다. 가지와 함께 전선을 자르지 않도록 주의하자.

충전식 전선이 없어서 간편하고 소음도 작은 편이지만 장시간 쓰기 위해서는 보조배터리가 필요하다. 점점 배터리도 개량되고 무게도 가벼워지는 추세다.

대빗자루 넓은 면적을 청소할 때 편리하다. 대빗자루는 끝을 세워서 쓰는 것이 요령이다. 자갈 바닥을 쓸 때도 힘을 빼고 끝부분만 써서 낙엽 등을 모으면 된다. 가끔 빗자루 끝의 우둘투둘한 굵은 가지를 잘라서 정돈하면 훨씬 부드러워진다.

대나무 갈퀴 포장도로나 흙바닥, 깨끗하게 깎인 잔디밭 등에서 사용하기 편리하다. 우리나라에서는 대나무 갈퀴가 거의 없으므로 플라스틱 갈퀴를 사용한다.

금속 갈퀴 잡초나 풀이 수북하게 나 있는 곳, 갈퀴 살이 식물에 얽히기 쉬운 곳에서 주

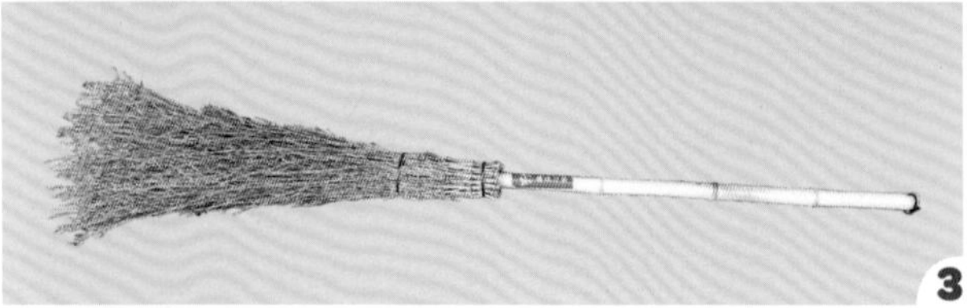

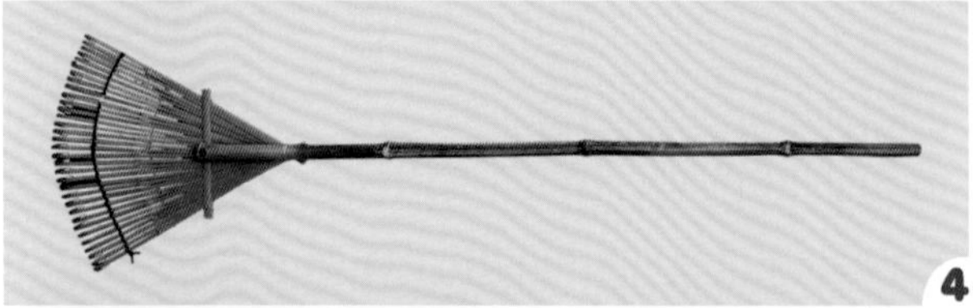

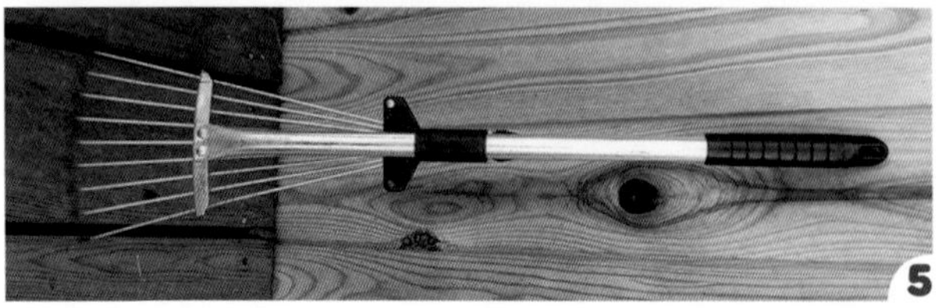

1 초간편 예초기
2 헤지트리머
3 대빗자루
4 대나무 갈퀴
5 작은 갈퀴

로 쓰인다. 비교적 거친 곳에 적합하며 잔디밭의 이끼를 걷어낼 때도 편리하다.

작은 갈퀴 생울타리나 피복 식물 등 좁은 면적에 심긴 식물을 가지치기한 후에 쓰레기와 낙엽을 긁어 낼 때 주로 쓴다. 대나무든 금속이든 성능은 비슷하다. 단, 금속제 중에는 폭이 조절되는 것이 있어 편리하다.

작은 빗자루 나무 바닥의 틈이나 구석에 쌓인 먼지를 치울 때, 바닥의 흙을 털어낼 때 등 세세한 곳을 청소할 때 편리하다. 전문가는 낡은 대빗자루를 뜯어내 잔가지만 모아서 직접 만들기도 하지만, 시중에 다양한 제품이 나와 있으니 그중 탄력 있고 튼튼한 것을 고르면 된다.

쓰레받기 작은 쓰레받기는 가지치기 쓰레기를 다 담을 수 없으므로 큰 쓰레받기나 삼태기를 대빗자루와 함께 준비하는 것이 좋다.

목장갑과 가죽장갑 맨손으로 작업하면 피부가 거칠어질 뿐만 아니라 다칠 수도 있다. 특히 가시가 있는 식물을 가지치기할 때는 반드시 가죽장갑을 껴야 한다.

접사다리 높은 곳을 손질할 때 필요한 도구다. 가지치기할 때는 발이 4개 달린 것보다 가지치기 전용으로 만들어진 삼발이가 편리하다. 정원 바닥에는 요철이 많으므로 네발 사

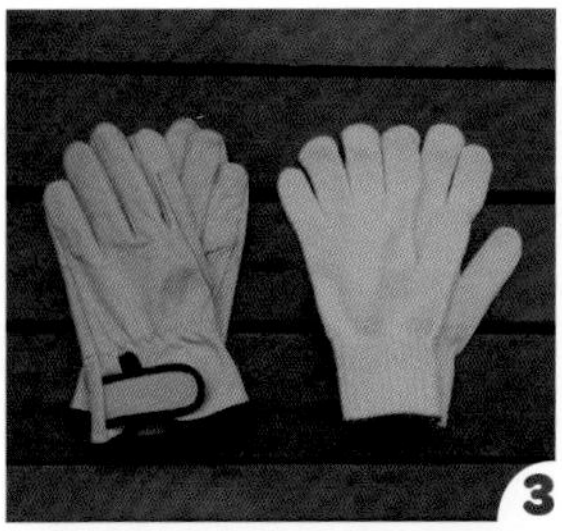

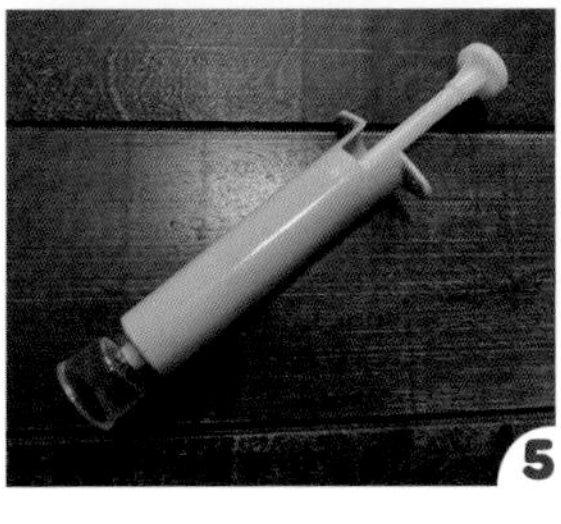

1 작은 빗자루
2 큰 쓰레받기(삼태기)
3 가죽장갑과 목장갑
4 접사다리
5 독 추출기(포이즌리무버)

다리를 안정적으로 위치시키기가 어려운 반면 삼발이는 요철이 있어도 디딜 곳을 확보하기가 쉽다. 이때, 삼발이가 지면에 접하는 삼각형의 중앙에 무게중심이 와야 한다. 경사면에서는 사용할 수 없으며 포장도로나 벽돌, 시트 위에서는 미끄러지기 쉽다. 가정에서는 되도록 낮은 사다리를 쓰고 높은 사다리가 필요한 나무의 손질은 전문가에게 의뢰하자.

작업화 굽이 낮고 바닥이 두꺼운 스니커즈 운동화를 신고 작업하다가 사다리에서 떨어지는 사람이 많다. 사다리 작업을 할 때는 발바닥 감각을 최대한 느낄 수 있는 얇은 작업화를 신을 것을 추천한다. 발목이 긴 것을 신으면 땅에 구멍을 뚫을 때도 신발 속에 흙이 들어가지 않아서 편리하다. 또한 버클이 적은 것을 골라야 신고 벗기가 편하다.

독 추출기(포이즌리무버) 정원 일을 하다 보면 모기에게 물리는 것은 물론이고 벌이나 지네에 쏘이는 일도 생긴다. 그럴 때 독을 빨아내는 포이즌리무버가 있으면 심각한 상황을 막을 수 있어 응급 도구로 하나 가지고 있으면 든든하다. 그런데 왠지 곤충을 두려워하지 않게 되면 곤충에 쏘이는 일도 적어지는 것 같다. 가지치기나 벌초 시 에프킬라 같은 살충제를 꼭 가지고 다니길 권장한다.

해가리개 여름뿐만 아니라 겨울에도 해가 낮게 떠서 의외로 눈이 부시다. 그러므로 여름용 모자뿐만 아니라 겨울용 모자도 챙이 있는 것으로 준비하자. 머리를 보호하기 위해서라도 모자를 써야 한다. 그러나 챙이 너무 큰 모자는 시야를 가려 작업할 때 더 위험할 수도 있으니 시야가 잘 확보되는가를 생각하여 모자를 선택해야 한다. 자외선과 뾰족한 가지로부터 눈을 지키기 위해 선글라스나 보호 안경을 쓸 수도 있다. 여름에 제초 작업을 할 때는 접이식 그늘막이 편리하다.

후기

이 책을 쓰느라 3년 동안은 머릿속이 가지치기로 가득했다. 길을 걸을 때도 주택가, 카페, 거리에 심긴 나무에서 눈을 떼지 못했다.

사실 가지치기를 직업으로 삼다 보니 모든 업무가 매일 새롭다. 가지 모양이 똑같은 나무도 없을뿐더러 매년 대체 자르기를 할 때마다 새로운 가지가 자라나서 같은 나무인데도 모양이 달라져 있기 때문이다. '이게 과연 같은 나무인가' 싶을 만큼 완전히 달라지는 경우도 있다.

다시 말해 가지치기 일은 결코 교과서대로 진행되지 않는다. 그럼에도 우리가 가지치기 책을 쓴 것은 여러분이 이 책을 통해 가지치기의 원칙을 배우고 수종별 기본 정보와 조언을 얻음으로써 나무와 더 사이좋게 지내기를 바랐기 때문이다.

이 책을 쓸 때 가장 힘들었던 것은 가지치기 전후의 정원수 사진을 확보하는 일이었다. 일에 집중하느라 가지치기 전 사진을 깜빡한 채 작업을 시작한 적이 한두 번이 아니었다. 그런가 하면 서둘러 마무리하고 퇴근하느라 가지치기 후 사진을 찍는 것을 잊기도 했다. 둘 다 무사히 찍었다고 생각했는데 집에 돌아와 사진을 살펴보니 주변의 나무와 겹쳐 찍혀서 실루엣이 잘 보이지 않는 경우도 있었다.

그래서 끝내 사진을 찍지 못했던 나무를 마감 직전에 현장에서 우연히 발견했을 때의 기쁨은 이루 말로 표현할 수 없다. 마치 정원의 모든 생명체가 이 책을 세상에 내보내기 위해 힘을 보태고 있는 것만 같았다. 우리 역시 이 책을 쓰면서 나무들을 새삼스럽게 들여다보며 유기농 정원의 가능성을 재발견할 수 있었다.

미처 찍지 못한 몇몇 사진은 삼림 지도사인 가가와 준 씨, 수목 관리사인 이와타니 미나에 씨, 정원 친구인 우스이 도모코 씨, 사진가이자 분토 선생糞土師•인 이자와 마사나 씨에게서 받을 수 있었다. 덕분에 이 책이 더욱 충실해졌다.

또, 우리가 흔들릴 때마다 격려해 준 편집자 하시모토 히토미橋本ひとみ 씨 등 여러분이 없었다면 이 책은 세상에 나오지 못했을 것이다. 오랜 친구이자 북 디자이너인 다나카 아케미田中明美 씨 역시 온갖 무리한 부탁을 흔쾌히 받아 주었다. 다나카 씨의 도움이 없었다면 이렇게 쉽게 읽히는 책을 내놓지 못했을 것이다. 도와주신 모든 이에게 진심으로 감사하다.

여러분도 나무에게 '나한테 왜 이래?'라는 말보다는 '가지치기하고 나서 기분이 좋아졌어!'라는 말을 들었으면 좋겠다. 그런 마음을 담아 92종의 나무를 소개했다. 우리가 오랫동안 정원사로 일하며 경험하고 배운 것을 많은 사람과 나누고 싶었는데, 마침내 이 책을 쓸 수 있어서 정말로 행복하다. 이 책이 여러분에게 도움이 되기를 간절히 바란다.

2019년 7월의 어느 날

히키치 도시, 히키치 요시하루

• 이끼, 버섯 등 자연의 작은 생명체를 촬영하는 사진작가. 대변은 자연으로 돌아가야 한다는 신념하에 1974년부터 야생에서 지속적으로 대변을 보는 일에 도전하고 있다.

용어 색인 및 해설

마취목액 41

피복 식물 일정한 면적의 지면이 보이지 않도록 땅을 뒤덮듯 심는 식물 24

안눈 줄기 쪽으로 난 눈 23

윗눈 가지가 처지는 나무의 바깥눈 140

가지 솎기 빽빽한 가지 중 억센 것부터 차례대로 제거하여 가지의 수를 줄이는 방법 25, 52, 129, 147

유기농 스프레이 207

겹친 가지 상하로 겹쳐서 같은 방향으로 난 가지 16, 23

다간형 땅에서 여러 개(주로 3개 혹은 5개 등 홀수)의 줄기가 올라와 있는 나무 모양 17, 102, 108, 148

얽힌 가지 다른 가지에 얽히듯 난 가지 16, 23

깎아 다듬기 나무의 모양과 높이, 폭 등을 다듬기 위해 깎아내는 것 25, 52, 164

강전정 너무 높거나 무성하게 자란 나무를 과감하게 낮고 작게 만드는 가지치기 14, 22

중간 자르기 가지 중간의 눈이 있는 부분을 자르는 것 23

바퀴살 가지 한 곳에 바퀴살 모양으로 난 여러 가지 77

어긋나기, 마주나기 가지에 잎이 엇갈리게 난 것을 어긋나기, 좌우대칭으로 난 것을 마주나기라 한다. 42

콤포스트 차 73, 133, 209

거꾸로 난 가지 가지는 원래 줄기에서 바깥쪽으로 나지만 가끔 안쪽이나 아래쪽으로 나기도 한다. 그것을 거꾸로 난 가지라 한다. 16, 23

햇가지 그해에 새로 난 가지 40, 55, 151, 156

심끊기 성장의 중심이 되는 가지나 줄기를 절단하는 것 171, 193

쇠뜨기 차 73, 133, 209

식초물 69, 73

생리적 낙과 열매가 너무 많이 열렸을 때 나무가 스스로 부담을 덜기 위해 열매를 떨어뜨리는 것 139

재거름 낙엽이나 나뭇가지를 저온에서 태워 만든 재. 흙과 잎에 엷고 균등하게 뿌려 식물의 성장을 돕는다. 40

바깥눈 나무의 중심에서 보았을 때 가지의 바깥쪽에 난 눈 23, 140

높이 심기 질퍽한 곳 또는 배수가 잘 안 되는 곳에 식물을 심는 방법. 원래의 지면 위에 흙을 높이 쌓아 환경을 개선한 다음 식물을 심는다. **39**

선 가지 하늘을 향해 똑바로 자라 나무 모양을 망치는 가지 **16, 23**

층층형 가지마다 달린 잎이 물방울 모양이 되도록 가지치기하거나 깎아 다듬는 방식 **172**

강한 가지 웃자란 가지 또는 억세고 굵은 가지 **14**

열매따기 풋열매가 많이 열렸을 때 가지마다 1~2개만 남기고 열매를 다 따는 것. 열매가 너무 많으면 무게 때문에 가지가 부러지거나 열매 크기가 작아지므로 솎아서 소수정예로 만들어야 한다. **130, 137**

꽃봉오리 따기 꽃봉오리의 수를 3분의 1이나 절반 정도로 줄이는 것 **200**

몸통가지 나무의 본체에서 자라난 가지 **18, 79**

웃자란 가지 삐죽 튀어나온 억센 가지 **16, 23**

마늘 참기름액 **208**

마늘 삼백초 목초액 **208**

뿌리 덮개 교목이나 소교목의 뿌리를 뒤덮듯 하여 외관의 균형을 맞추기 위한 식재 **24, 192**

뿌리분 수목을 옮겨심기 위해 흙이 달린 채로 파낸 뿌리 부분. 삼베로 감싸 줄로 묶기도 하고 부직포 화분에 넣기도 한다. **19**

움돋이 나무의 뿌리에서 자란 가지 **17, 45, 108**

깊이 심기 원래 뿌리분 상부가 지면과 같은 높이가 되도록 심어야 하는데 줄기 부분까지 흙속에 묻히도록 심는 경우가 있다. 그러면 뿌리에 산소가 잘 공급되지 않아 나무가 조금씩 약해진다. **9, 19**

삭벌 모든 가지를 짧게 잘라 새로운 가지가 나오도록 하는 것. 이렇게 나무 모양을 새로 만드는 것을 '삭벌 갱신'이라고 한다. **43**

마구 자르기 관목을 깎아 다듬을 때처럼, 큰 나무의 굵은 가지를 중간에서 잘라 버리거나 가지, 잎, 눈을 가리지 않고 뭉텅뭉텅 자르는 것 **9, 206, 210**

대체 자르기 강하고 드센 가지를 밑동의 분기점에서 자르고 모양 좋고 부드러운 가지를 남기는 가지치기 방법 **22, 82, 84, 128, 141, 147**

경계 식물 통로와 피복 식물 사이의 경계나 식재 구역과 구조물 사이의 칸막이 역할을 하는 식물 **24**

장대 세우기 지주를 하나만 세워 덩굴성 식물을 얽히게 하는 방법 **184**

둘러싸기 줄기나 가지가 잘리거나 손상되었을 때 주변의 나무껍질이 솟아올라 상처 부위를 감싸는 것 **206, 211**

지면 가지 솎기 땅에서 올라온 드센 가지를 최대한 짧게 잘라 줄기의 수를 제한하는 가지치기 방법 **25**

멀칭 땅이 건조해지거나 잡초가 올라오는 것을 막기 위해 식물 등 주변 지면을 부엽토 등 자연 소재나 비닐 등으로 덮는 것 **199**

실생 씨앗에서 싹튼 식물. 아직 어린 나무를 가리킬 때가 많다. **17, 94, 118, 197**

문 가리개 현관이나 문 상부를 덮어 가린 수목 **59**

부드러운 가지 가늘고 모양 좋게 나온 가지 **14**

곁가지 중심 가지 옆으로 나온 가지 **124**

옮긴이 노경아

한국외대 일본어과를 졸업하고 대형 유통회사에서 10년 가까이 근무하다가 오랜 꿈이었던 번역가의 길로 들어섰다. 번역의 몰입감, 마감의 긴장감, 탈고의 후련함을 즐길 줄 아는 꼼꼼하고도 상냥한 일본어 번역가이다. 현재 번역 에이전시 엔터스코리아의 출판기획 및 일본어 전문 번역가로 활동하고 있다. 주요 역서로는《앵무새 교과서》,《작은 집 짓기 해부도감》,《쉽게 배우는 인테리어》,《생각 정리를 위한 디자인 씽킹》,《무인양품 심플 수납법》,《무인양품 보이지 않는 마케팅》 외 다수가 있다.

처음 시작하는 나만의 정원수 가꾸기
정원수를 위한 가지치기 및 관리법

초판 인쇄 2022년 04월 05일
초판 발행 2022년 04월 10일

지은이 | 히키치 도시, 히키치 요시하루
자료제공 | 히키치 가든 서비스
옮긴이 | 노경아
펴낸이 | 조승식
펴낸곳 | 돌배나무
공급처 | 북스힐
등록 | 제2019-000003호
주소 | 01043 서울시 강북구 한천로 153길 17
전화 | 02-994-0071
팩스 | 02-994-0073
홈페이지 | www.bookshill.com
이메일 | bookshill@bookshill.com

ISBN 979-11-90855-32-7
정가 18,000원